Dorothée Waechter · Fotos: Friedrich Strauß

Balkon
fix!

Schnelle Lösungen
für Ungeduldige

Dorothée Waechter · Fotos: Friedrich Strauß

Balkon fix!

Schnelle Lösungen für Ungeduldige

blv

fix!

Der Inhalt

fix!

Planen & Gestalten

fix!

Kombinieren & Dekorieren

fix!

Pflanzen & Pflegen

Anhang

fix!

Planen
&
Gestalten

Lernen Sie den Balkon mit seinen Elementen und Möglichkeiten kennen. So gelingt Ihnen ein gekonntes Styling – und der Wohlfühl-Effekt ist garantiert.

Einleitung

Der Balkon – das kleine Paradies unter freiem Himmel

Pflücksalate wachsen in den Kästen und würzige Kräuter in den Töpfen. Erst die Möblierung bringt Farbtupfer ins Spiel.

Wer einen Balkon als Open-Air-

Wohnzimmer hat, kann sich glücklich schätzen. Er bietet Ersatz für den eigenen Garten und Platz zum Genießen und Feiern, Entspannen und Leben. Eine stimmige Einrichtung gehört zum Wohlgefühl ebenso dazu wie schöne Pflanzen, die dem Wohnraum unter freiem Himmel eine lebendige Note verleihen.

Träume und Ideen sind die eine Seite eines Balkones, doch die andere heißt Pflege- und Pflanzarbeit. Bleibt da noch genügend Zeit, um das kleine Paradies zu genießen? In diesem Buch finden Sie zahlreiche pfiffige und individuelle Lösungen, die bei geringem Arbeitsaufwand den Balkon ganz fix zum Ort für Muße und Entspannung machen. Natürlich verraten wir Ihnen auch Tipps und Tricks für die Pflanzenpflege.

Jeder Balkon besteht aus verschiedenen Bereichen: den Wänden, der Brüstung beziehungsweise dem Geländer, dem Fußboden und dem Freiraum mit Blick auf Himmel und Umgebung. Den Balkon einrichten bedeutet, dass man sich nicht nur auf die Bepflanzung eines Balkonkastens konzentriert, sondern alle Elemente harmonisch miteinander kombiniert. Farben, Möbel, Sichtschutz, Gefäße und schließlich die Pflanzen mit ihren Wuchsformen, ihren Blättern und Blüten werden dazu sorgsam aufeinander abgestimmt.

Eine Gestaltung

wird erst perfekt, wenn man sich auf die entscheidenden Punkte beschränkt. Das Konzept dafür sollte auf einem bestimmten Stil mit ausgewählten Farben beruhen. So entsteht eine gemütliche Oase, die als perfekter Wohnraum angesehen wird. Statt kunterbuntem, arbeitsintensivem Dschungel schafft man einen angenehmen Rückzugsraum für Entspannung vom Alltagsstress, der sich jeden Tag ganz fix genießen lässt.

Das kräftige Pink der Hänge-petunien dominiert den Sitzplatz und zieht sich als Farbmotto durch die gesamte Gestaltung.

Balkonschmuck für den Sommer ...

Wenn die Temperaturen draußen angenehm warm sind, blüht das Wohnzimmer unter freiem Himmel auf. Bei gutem Wetter nutzt man diesen Wohnraum intensiv, um den Sommer in vollen Zügen zu genießen. Je nach Stil heizt die Bepflanzung die Stimmung an oder wirkt wie eine kühle Erfrischung.

In der Mittagshitze bleibt es frisch: Weiße Margeriten, Dahlien und grüne Limonen halten die Atmosphäre angenehm kühl.

Die Hauptsaison für den

Balkon dauert von Mitte Mai bis in den September. In diesen Monaten lebt man bevorzugt im Freien und richtet sich dafür den Balkon stimmungsvoll ein. Schließlich sitzt man schon zum Frühstück draußen, feiert Sommerfeste auf Balkonien und macht dort an einem freien Wochenende gerne Kurzurlaub mit einem guten Buch. Natürlich steht allen der Sinn nach üppiger Blüte, doch je mehr Pflanzen man sich auf den Balkon holt, umso mehr Zeit muss man für die Pflege einplanen.

Da macht es Sinn, Pflanzen auszuwählen, die besonders viele Blüten haben, wie die Surfinia-Petunien. Unermüdlich blühen diese überhängenden Sommerblumen in Kästen und Ampeln. Welke Blüten fallen von alleine ab und man kehrt sie regelmäßig auf. Das Gefühl von Üppigkeit wird auch durch gefüllte Blüten vermittelt, zum Beispiel durch entsprechende Sorten von Sonnenblumen, Strauchmargeriten, Zinnien und Dahlien.

Hinsichtlich des Einrichtungsstils

gibt es zahlreiche Möglichkeiten. Bevor man sich mit seinen persönlichen Vorlieben auseinander setzt, sollte man die Lage des Balkons beobachten. Wann scheint die Sonne? Wie viel Licht bekommen die Wände? Für Pflanzen ist nämlich das Licht lebensnotwendig. Jede Pflanzenart hat sich an eine bestimmte Situation angepasst. Fuchsien ziehen den Halbschatten und Schatten vor, Geranien blühen am schönsten, wenn sie sonnig und warm stehen. Gazanien öffnen nur bei Sonnenschein die Blüten, und das Männertreu liebt es hell, aber nicht zu warm. Eine zum Standort passende Pflanzenauswahl zählt zu den Grundlagen für den fixen Erfolg in Kästen und Kübeln.

Die Vielfalt des

Sommers spiegelt sich in der Bepflanzung wider. Doch es stellt sich die Frage, wie man Vielfalt, beschränkten Platz und den Wunsch nach einer fixen Gestaltung unter einen Hut bekommt. Die Lösung findet man in der feinfühligen Kombination der Sommerblumen. Eine Beschränkung auf maximal drei **Farben** gehört zu den ersten Schritten. Je geringer die Farbigkeit, desto wichtiger sind verschiedene **Wuchsformen** und unterschiedliche **Blütentypen.** So entsteht das Gefühl von einer in sich stimmigen und abwechslungsreichen Bepflanzung.

Ein weiteres Erfolgsrezept für die gelungene Bepflanzung besteht darin, dass man **Gruppen** bildet. So entstehen faszinierende Blickfänge aus verschiedenen Pflanzen,

die den Raum bereichern, ihn aber nicht überfüllen. Zugleich kann man durch geschicktes Arrangieren von Unzulänglichkeiten an den Wänden ablenken oder sogar mit Hilfe eines Hochstämmchens, etwa des Kartoffel strauchs, dem Nachbarn den Einblick auf den Kaffeetisch verwehren, ohne dass Enge entsteht.

Balkon im Blütenmeer

1. **Blaue Symphonie**
   Der hellblaue Stuhl und die blau-weiße Bepflanzung ergänzen sich stimmungsvoll.

2. **Töpfe auf den Tischen**
   Männertreu und gelbe Strauchmargeriten schmücken den Balkontisch. Die Übertöpfe unterstreichen die zarten Pastelltöne der Blüten.

Abwechslung

entsteht im Laufe einer Vegetationsperiode dadurch, dass sich die Pflanzen unterschiedlich entwickeln. Die Margeriten brauchen nach den ersten blumigen Wochen eine kurze Ruhe, bis sich neue

TIPP

Der Startschuss

fällt für die Balkonsaison nach den Eisheiligen (11. bis 15. Mai). Dann sind keine Nachtfröste mehr zu erwarten, sodass man nun Geranien, Fuchsien und Co. getrost in die Kästen setzen kann. Dennoch bieten Gartencenter schon ab April Balkonpflanzen an. Man sollte sich jedoch gedulden und mit den Pflanzarbeiten warten. Schöne Tage können für Vorbereitungen genutzt werden.

Knospen entwickelt haben. In der Zwischenzeit haben die Kapmargeriten in der Wärme Knospen angesetzt und zeigen sich prachtvoll. Nach dem Sommerurlaub machen manche Sommerblüher schlapp. Ein neuer Abschnitt beginnt: Einzelne Pflanzen in den Kästen werden ersetzt und neue Blickfänge aus Gräsern, Herbstblumen und reifen Früchten arrangiert.

... und sogar für die ganze Saison

Frühling, Herbst und Winter werden zwar nicht so ausgiebig auf dem Balkon genossen. Dennoch gibt es immer ein paar warme Tage oder Stunden, die man in der Sonne verbringt. Beim Blick aus der Wohnung auf den Sitzplatz spiegeln typische Blüten die jeweilige Jahreszeit wider.

Im Eck- und Wandregal hält der Frühling bereits Ende März Einzug. Die Töpfe werden in dekorativen Übergefäßen aufgestellt.

Häuser sind
meist so konstruiert, dass sich der Balkon an das Wohnzimmer anschließt. Der Blick führt also über den Balkon in die Umgebung. Dies ist wichtig für eine ganzjährig attraktive Balkongestaltung. Natürlich wird man im Frühling, Herbst und Winter nur wenig Aufwand treiben, aber das Freiluft-Zimmer sollte nicht zur Abstellkammer verkommen. Wichtig ist, dass die Bepflanzung in der Hauptblickrichtung liegt. Ein Kasten am Geländer, der Balkontisch und vielleicht ein Wandregal eignen sich gut als

Schwerpunkte für die Dekoration. So kann man die Jahreszeiten ein wenig verfolgen. Gerade im Frühjahr entpuppt sich das Erwachen der Natur als bezauberndes Schauspiel. Auf dem Balkon lassen sich die ersten beziehungsweise die letzten warmen Sonnenstrahlen auskosten. Manch einer mummelt sich auch im Winter ein und genießt im Schutz der Loggia das Schauspiel der Schneeflocken. Aber all diese Dinge macht man nur, wenn das Umfeld ansprechend gestaltet ist.

Zwiebelblumen und Zweijährige
eröffnen im Frühjahr die Balkonsaison. Im Gartencenter werden schon ab Ende Februar Schneeglöckchen, Narzissen, Vergissmeinnicht und Primeln angeboten. Damit die Gestaltung fix geht, setzt man die Pflanzen einfach in dekorative Übertöpfe. Kleine Gruppen auf dem Balkontisch leuchten uns mit ihren kräftig gefärbten Blüten freundlich entgegen. Wer etwas mehr Aufwand treiben will, der bepflanzt einen oder zwei Balkonkästen mit Hornveilchen. Sie wachsen rasch und überbrücken perfekt die Zeit, bis die eigentliche Balkonsaison beginnt. Farbenfreude gehört übrigens zum Frühling, sodass man in diesen Wochen eine Gestaltung in verschiedenen Bonbonfarben als Mittel gegen die Frühjahrsmüdigkeit ausprobieren sollte.

Wenn das Ende des Sommers

naht, machen die Sommerblumen schlapp. Die Kälte lässt das Wachstum stocken, und irgendwann überwiegen die welken Blüten. Es ist Zeit für eine neue Bepflanzung. Ähnlich wie im Frühling schränkt man sich etwas ein, aber eine kleine Herbstinsel hält bis in den Winter. Zu den **Herbstklassikern** wie Astern, Eriken, Gräsern und Chrysanthemen kommen noch schmückende Früchte. Orangefarbene Kürbisse oder ein Korb mit frisch gepflückten Äpfeln ergänzen die Gestaltung des Balkons und füllen geschickt Lücken. Ganz nebenbei landet auch mal ein Kürbis im Suppentopf oder die Äpfel im morgendlichen Müsli. Zwischen die Pflanzen legt man bunte Herbstblätter oder dekoriert in einer Schale auf dem Balkon-

tisch reife Kastanien, Eicheln und Bucheckern mit grünem Hopfen. So kann man selbst mitten in der Stadt an der reichen Fülle des Herbstes teilhaben. Gelb- und Orangetöne von Kürbissen und Chrysanthemen wirken angenehm warm und vertreiben mit ihrer Leuchtkraft an tristen grauen Tagen trübe Gedanken.

Nach der Hauptsaison

1. **Der Altweibersommer**
   Rudbeckien und lilablaue Astern schmücken den Balkon.

2. **Kürbisvielfalt**
   Die dicken Kürbisse passen farblich zu den Chrysanthemen.

3. **Ein Saum aus Buchsbaum**
   So kommt im Winter eine lebendige Note in die Blumenkästen.

Im Winter erobern Immergrüne

den Balkon. Gehölze wie Buchsbaum und Efeu gedeihen auch in Kübeln problemlos und trotzen der winterlichen Kälte. Wenn man genügend Platz hat, dann stehen die Töpfe in den Sommermonaten im Hintergrund und rücken einfach nur im Spätherbst ins Blickfeld.

Eine stimmungsvolle Abrundung der Situation erreicht man schließlich dadurch, dass man große Schleifen und Lichterketten aufhängt und das Vogelhäuschen dazustellt. Zapfen sowie Kränze und Girlanden aus Koniferengrün kann man ergänzen, allerdings muss man sich schon etwas Zeit für die Anbringung nehmen. Auch hier gilt: Die Schmuckstücke sollten vom Fenster aus sichtbar sein. Ganz fix wird es weihnachtlich, wenn man ein großes Glas mit Weihnachtskugeln füllt und in das Windlicht eine rote Kerze stellt.

Sichtschutz

So sind Sie garantiert ungestört und fühlen sich wohl

Auf dem Balkon will man entspannen und sich vom Alltagsstress erholen. In der sommerlichen Mittagswärme döst man ein bisschen vor sich hin. Die ersten warmen Sonnenstrahlen im Frühling genießt man bei einer Tasse Tee und manchmal versinkt man abends in der Schönheit eines sternenklaren Himmels. Ruhe zählt zu den Grundvoraussetzungen, um das Leben im Open-Air-Wohnzimmer zu genießen. Bauliche Gegebenheiten wie der freie Himmel und die meist zu drei Seiten offenen Wände prägen das besondere Raumgefühl des Balkons.

Aber genau durch diese Bauweise können Störfaktoren entstehen. Witterungseinflüsse wie zugiger Wind und gleißende

Vor dem leuchtenden Blau der Sichtschutzmatte wirken die dicht gefüllten Rosenblüten wie malerische Farbtupfer.

Mittagssonne beeinträchtigen den Genuss. Neugierige Nachbarn sind rasch lästig. Daher ist man gut beraten, vor dem Einrichten mit Möbeln, dem Bepflanzen von Kästen und Kübeln sowie der Dekoration den Balkon auf seine »Schwachstellen« zu untersuchen. Dazu gehört es, die Umgebung, die Nachbarn und den Verlauf der Sonne zu beobachten. Stellen Sie sich einen Stuhl auf den Balkon und gehen Sie zu verschiedenen Zeiten und an verschiedenen Tagen nach draußen.

Kunststoffmatten sind einfach anzubringen und sorgen für einen ruhigen Hintergrund.

Die Lage des Balkons

innerhalb der Fassade beeinflusst die Luftströmungen. Auf einem Balkon an einer Hausecke sind sie meist stärker. Daher gilt es, sie zu brechen und abzuwehren, damit man auch einen kühlen Sommerabend auskosten kann, ohne dass Zugluft den Platz unangenehm macht.

Die einzelnen Beobachtungen notiert man sich stichwortartig, damit es leichter fällt, aus den Eindrücken die richtigen Schlüsse zu ziehen. Schließlich sollen sich die Sicht- und Sonnenschutzmaßnahmen später gefällig und dezent in die Balkoneinrichtung einfügen. Das bedeutet, Farben, Materialien und Proportionen in das Gesamtgefüge einpassen. Außerdem sollen sie die spezifischen Störfaktoren nicht nur funktional abwehren, sondern auch die Gesamtgestaltung so ergänzen, dass Sie sich wohl fühlen und die Zeit gerne im Freien verbringen.

Der Markisenstoff wird in das Geländer eingeflochten und an den Metallösen mit einem festen Seil fixiert.

Grundsätzlich ist zu bedenken,

dass die heranwachsende Bepflanzung bereits einen natürlichen Sichtschutz darstellt. Üppig in die Höhe wachsende Geranien in den Kästen verhindern ebenso wie die Kaskaden aus einer Blumenampel einen direkten Einblick. So kann man mit Hilfe von textilen Lösungen an den Rändern des Balkons und den Pflanzen in der Mitte die Situation lauschig gestalten.

Sichtschutzelemente

für den Balkon haben ebenso wie die Sonnenschutzelemente (siehe Seite 16 f.) eine Bauweise, die an die räumlich sehr begrenzten Gegebenheiten von Balkonen angepasst ist. Direkt vor dem Sitzplatz am Geländer wird man keinen baulichen Sichtschutz anbringen, sondern den Pflanzen in den Kästen diese Aufgabe überlassen. Schließlich ist es schwierig, die Elemente zu be-

festigen. Außerdem leidet die Atmosphäre, wenn man sich selbst die Sicht zum Himmel versperrt. Aufrecht wachsende oder buschige Pflanzen geben dem Ganzen eine lauschige Note.

Hat der Balkon keine gemauerte Brüstung, sondern ein Metallgeländer, so hängt die Notwendigkeit einer Sichtschutzlösung davon ab, wie nah die Nachbarbebauung steht. Vor allem in der Stadt, wo die Wohndichte sehr hoch ist, wird man die Zwischenräume am Geländer schließen. Markisenstoff oder Flechtmatten aus Bambus oder feinem Astwerk eignen sich, um den Passanten von unten den Einblick zu verwehren. Gleichzeitig prägt man durch die Wahl eines bestimmten Materials die Atmosphäre: Das sonnige Motto eines gelb-weiß gestreif-

ten Markisenstoffes wiederholt sich in der Bepflanzung, Bambusmatten betonen einen asiatischen Stil.

An den kurzen Seiten

des Balkons kann man sehr gut mit einer lebendigen Tapete aus **Kletterpflanzen** arbeiten. Als Grundlage bringt man ein Rankgerüst an oder spannt feste Schnüre beziehungsweise Drähte zwischen Brüstung und Decke. So können die Seiten im Laufe des Sommers zuwachsen und sich mit bunten Blüten und dekorativen Blättern schmücken. Wichtig ist, dass man die Pflanzen nicht nur nach Schönheit auswählt, sondern auch darauf achtet, dass die Kletterweise auch zum Rankgerüst passt. Weitere Informationen finden Sie auf Seite 18 f.

Auf das gelb-weiße Streifenmuster stimmen sich die Balkonblumen ein. Blaue Möbel geben der Gestaltung optische Tiefe.

Der perfekte Sonnenschutz

So begehrt und angenehm ein sonniger Sommer ist, so unerträglich kann in den heißen Monaten ein Südbalkon sein. Ein Sonnenschutz spendet Schatten und macht das Leben auf dem Balkon erträglich, sodass man den Balkon auch im Juli und August getrost zur Lieblingsoase erklären kann.

Mit Schirmen und Markisen lässt sich die gleißende Sonne gut abhalten. Der wichtigste Aspekt bei der Auswahl des Sonnenschutzes ist eine sichere Befestigung. Schnell einmal kommt ein Gewitter auf und dann wird aus dem Markisenstoff ein Segel, das aus einer schwachen Verankerung leicht herausgerissen wird. Eine **professionelle Markise**, die in der Balkondecke oder an der Hauswand angebracht werden soll, wird man mit dem Hauseigentümer und den Nachbarn besprechen müssen. Sie sollte vom Fachmann angebracht werden, damit die Wandisolierung nicht beschädigt wird. Dies ist zwar dann eine perfekte Lösung, doch alles andere als ein Projekt, das fix Abhilfe schafft. Auch die Optik will beachtet sein, damit der Sonnenschutz den Raum nicht erdrückt, sondern ihm eine gewisse charmante Leichtigkeit gibt.

Diese erreicht man mit einer Seilspannmarkise. Es handelt sich hierbei um eine Stoffmarkise, die über ein Seilspannsystem geführt wird. Bei einer Loggia, die in die Hauswand eingeschnitten ist, spannt man die Seile zwischen den seitlichen

Der Sonnenschirm wird durch den Tisch gehalten und schattiert den Sitzplatz perfekt auch in der Mittagshitze.

Wänden. Dabei wird das untere Seil zwischen zwei Verlängerungsarmen gespannt, die verstellbar sind. Das Segel befestigt man mit Schlüsselringen am Seil. Über eine Kordel wird das Segel bewegt. Bei einem Balkon mit Handlauf kann man ein ähnliches System wählen. Das untere Seil wird dabei über Geländerhalterungen geführt und lässt sich verstellen. Der waschbare Markisenstoff verbreitet eine südliche Atmosphäre.

Der Vorteil eines solchen Systems ist die leichte Montage. Sie baut darauf auf, dass man als Mieter Auflagen hat, wo man auf dem Balkon einen Sonnenschutz anbringen darf und wo nicht. Bei diesem System kann man in der Regel mit einer Zustimmung des Vermieters rechnen, weil man keine Bohrlöcher an problematischen Wänden anbringen muss. Außerdem schont die Anschaffung den Geldbeutel.

Der Klassiker in Sachen

Sonnenschutz ist der Schirm. Doch auf dem Balkon ist es gar nicht so einfach, einen Schirm in normalen Maßen zu platzieren. Zudem reicht ein kleiner, runder Schirm meist nicht aus, um zu jeder Tageszeit Schatten zu spenden. Umstellen ist unerlässlich. Oder man sieht sich nach speziellen Modellen für den Balkon um. Rechteckige Schirme bieten die ideale Möglichkeit, auf einer angenehmen Breite Schatten zu werfen.

Schirmhalterungen werden an der Brüstung oder am Geländer befestigt. Achten Sie beim Einkauf unbedingt auf diese Feinheiten, damit Sie den Stiel des Schirmes tatsächlich gut und sicher anbringen können. Wichtig ist, dass man die Halterung fix umsetzen kann, damit der Sonnenschutz der jeweiligen Tageszeit angepasst werden kann. Ebenso wesentlich ist es, dass man ein schlichtes Design des Schirmbezugs wählt. Helle Stoffe wirken freundlich und lassen reichlich Licht durch. Je unruhiger und farbiger ein Muster ist, desto stärker spielt es sich in den Vordergrund. Das wirkt störend.

Ganz elegant

befestigt man einen Sonnenschirm in einem Tisch, der eine Aussparung in der Tischplatte für den Schirmstiel hat. Zwar kann man auf einen solchen Tisch keine handelsübliche Tischdecke legen, aber der Sonnenschirm ist optimal befestigt und vor allem viel platzsparender untergebracht als in einem Ständer, der in der Enge schnell zur Stolperfalle wird. Diese Lösung bietet sich für angebaute Balkone ohne Decke an.

So wird es am Mittag schattig

1. **Angeklemmt**
   Der Sonnenschirm findet am Geländer Halt. Er wird festgeklemmt und lässt sich biegen.

2.–5. **Schirmhalter für alle Fälle**
   Wenn keine Kästen am Geländer hängen, kann man die Halterung am Handlauf (2) anbringen. Entsprechend wird bei einer Brüstung die Hülse über die Klemmschiene (3) befestigt. Sie passt sich variabel an die Breite an. Hängen Kästen am Geländer, wird die Halterung an den Sprossen (4) befestigt. Wandhalter (5) sind ideal für den seitlichen Sonnenschutz am Balkon.

6. **Rundumschutz**
   Seilspannmarkisen können je nach Sonnenrichtung zugezogen werden. Außerdem lassen sich die Befestigungen einfach anbringen.

Sichtschutz aus dem Baumarkt

Wenn man nach einer Instantlösung für den perfekten Sichtschutz sucht, dann findet man in der Heimwerkerabteilung etwas Passendes für jeden Bedarf. Ob Matten aus Naturmaterialien, Stoffbahnen oder Kunststoffmatten – damit bekommt das Geländer einen blickdichten Mantel.

Matten aus Bambusrohr dienen häufig als Brüstungsverkleidung. Durch den dichten Blickschutz sorgen sie für wohnliche Atmosphäre.

Künstliche Wände

sorgen auf dem Balkon für gemütliche Atmosphäre. **Naturmaterialien** wie Bambus, Weide, Stroh und Erika bekommt man von der Rolle in verschiedenen Längen und Breiten. Meist werden Breiten zwischen 80 und 160 Zentimetern angeboten. Die schmalen Matten eignen sich sehr gut, um ein Geländer zu verdecken. Die höheren dagegen verwendet man für einen seitlichen Sichtschutz. Für windige Balkone sollte man jedoch Varianten mit einem festen Rahmen für die Seiten bevorzugen, damit das Geflecht dauerhaft standfest ist. Diese Eigenschaft ist auch bei Sichtschutzelementen aus **Holzlamellen** gegeben. Im Vergleich zum eher filigranen Astwerk setzt sich das Geflecht aus wenigen Millimeter starken und drei bis fünf Zentimeter breiten Holzspänen

zusammen. Das Material hält Wind gut ab und ist sehr witterungsbeständig. Allerdings wirkt ein Sichtschutz aus Holzlamellen recht massiv, sodass auf einem kleinen Balkon schnell ein beengendes Gefühl entstehen kann. Die Naturmaterialien halten sich hinsichtlich ihrer Farbe dezent zurück. Durch die Sonneneinstrahlung und Witterung bekommt die Oberfläche einen hübschen silbergrauen Schimmer.

Kunststoffwände überspielen

mit ihrer Buntheit fröhlich die Unzulänglichkeiten des Balkons. In der Regel bekommt man auch diese Matten von der Rolle. Sie sind dadurch flexibel, dass vertikal leicht abgeflachte **Kunststoffrohre** ineinander gesteckt werden. Diese Sichtschutzelemente werden am Geländer befestigt. Ihre Farbigkeit trägt deutlich dazu bei, dem Balkon ein stimmungsvolles Flair zu geben. Diese Matten ersetzen sogar die Mühe eines Anstrichs.

Festgezurrt. Mit Hilfe von Ösen und einer kräftigen Schnur wird die Markise an das Geländer gebunden.

Sichtschutzwände mit Holzrahmen und naturbelassenem Weidengeflecht sorgen für dezenten Hintergrund am Sitzplatz.

grün-weiße Sichtschutzbespannung.

Das Material ist durch seine enge Webstruktur sehr fest und nahezu undurchlässig für Wind. Mit einer Breite von etwa 80 Zentimetern kann man Markisenstoff leicht zwischen die Geländerstäbe flechten oder sie mit Ösen in gleichmäßigem Abstand anbinden. Eine gute Sicherung ist wichtig, damit die Befestigung kräftigen Windböen standhalten kann. An den Seiten befestigt man den Sichtschutz am besten an einem Seilsystem, damit man bei Bedarf den Stoff wie eine Gardine an die Seite schieben kann. Diese Flexibilität zählt zu den Vorteilen einer Sichtschutzlösung aus Stoff. Zudem wirkt ein weißer Stoff freundlich und hell.

Die Aufhängung und

Befestigung von festen Sichtschutzelementen aus Holz beziehungsweise Kunststoff zählt zu den heiklen Themen. Wichtig sind Windfestigkeit und Sicherheit. Zugleich sollte man aber den Vermieter beziehungsweise einen Fachmann immer um Rat fragen, damit man durch die Anbringung von Haken an Wand, Decke oder Boden nicht die Hausisolierung beschädigt. Die Folgekosten können erheblich sein.

Darf man keinen Sichtschutz anbringen, bleibt die Möglichkeit, Sichtschutzelemente an Pflanzgefäßen anzubringen. Längliche Holzkübel gibt es sogar fertig kombiniert mit einem Rankgerüst für Kletterpflanzen. Die Bepflanzung und das Gewicht des Substrats sorgen auch bei Wind für Standfestigkeit. Die Sichtschutzelemente sollten nicht zu groß, winddurchlässig und mit einem stabilen Rahmen versehen sein.

Die Farbigkeit

und Lichtdurchlässigkeit machen Stoffe beliebt für den Sichtschutz. Bewährt hat sich ein fester **Markisenstoff** in klarem Weiß oder Creme beziehungweise mit einem freundlichen Streifen in Blau, Grün, Gelb oder Rot auf weißem Grund. Die Farbwahl sollte in harmonischem Einkang mit dem Sonnenschutz stehen. Zu einem dunkelgrünen Sonnenschirm passt beispielsweise eine

Wie eine Gardine läuft diese Markise auf einem Seilsystem und kann an trüben Tagen an die Seite geschoben werden.

Lebendiger Sichtschutz

Kletterpflanzen wachsen mit Hilfe von Rankgerüsten und Spalieren in die Höhe. Sie entfalten ihre Schönheit Platz sparend wie eine Tapete. Gleichzeitig machen sie sich dekorativ nützlich: Sie spenden angenehmen Schatten und halten die unerwünschten Blicke von Nachbarn und Passanten fern.

Prunkwinden, Wicken

und Glockenreben zählen zu den Klassikern aus dem Repertoire der kletternden Sommerblumen. Es ist erstaunlich, wie fix die im Frühjahr gesäten Pflanzen heranwachsen und die Wände mit ihren bunten Blüten und attraktiven Blättern schmücken. Die Tatsache, dass diese Gewächse auf geringer Breite in die Höhe wachsen, macht sie besonders wertvoll. So kann man auf engem Raum noch mehr Blüten unterbringen. Neben den Unterschieden in Blütenfarbe, -größe und Blattformen zeigen Kletterpflanzen verschiedene Methoden, Halt für das weiche Gerüst der Triebe zu finden. Bei den Sommerblumen findet man entweder **schlingende** oder **rankende** Kletterpflanzen.

Schlinger winden sich mit ihrem

Haupttrieb um kräftige Kletterhilfen. Dieses können fingerdicke Rankspaliere, Bambusstäbe oder kräftige Schnüre sein. Zu dieser Gruppe der ausgesprochen schnell wachsenden Kletterpflanzen zählen neben Sternwinden (*Ipomoea lobata*) auch Feuerbohnen (*Phaseolus coccineus*) und Schwarzäugige Susanne (*Thunbergia alata*). Eine frühzeitige Verzweigung erreicht man dadurch, dass man den heranwachsenden Trieb waagerecht zieht. In den Blattachseln entstehen dann Verzweigungen, die nach oben wachsen.

Zu den Rankpflanzen zählen

Duftwicken (*Lathyrus odoratus*), Glockenrebe (*Cobaea scandens*) und Kletterndes Löwenmaul (*Lophospermum erubescens*). Sie bilden aus kurzen Seitentrieben oder Blattteilen Ranken, die sich spiralförmig

an der Kletterhilfe oder an Nachbarpflanzen festhalten. Daher muss das Spalier für Rankpflanzen in seiner Bauart eher filigran sein, damit die Pflanzen Halt finden. Gut geeignet sind zum Beispiel Maschendraht, gespannte Schnüre und Bewehrungsmatten.

Spalier begrünen

1. **Baustahlmatte** L-förmig biegen.

2. **In den Kasten** etwas Substrat füllen.

3. **Die Kletterpflanzen** schräg einpflanzen.

4. **Gut angießen, damit** sich die Erde setzt.

Über die ganze Breite des Balkonkastens erstreckt sich das Rankspalier, an dem Jasmin-Nachtschatten emporklettert.

Für einen großen und dicht bewachsenen Sichtschutz muss man die Pflanzen in ein ausreichend großes Gefäß setzen. Schließlich muss genug Platz für ein kräftig wachsendes Wurzelsystem vorhanden sein, damit die weit verzweigten Kletterpflanzen ausreichend mit Wasser und Nährstoffen versorgt werden. Bedenken Sie, dass die Kletterpflanzen an einem Sichtschutzelement in der Regel recht exponiert stehen und damit sehr viel Wasser verdunsten. Wassermangel bedeutet Stress, der das Wachstum drosselt und die Blütenbildung verzögert. Stellt man das Gefäß auf den Boden, so wird der Ballen gut schattiert und die Erde trock-

net nicht so schnell aus. Die Zwischenräume kann man mit kleinen, buschigen Pflanzen wie Männertreu (*Lobelia erinus*), Schmalblättrigen Zinnien (*Zinnia angustifolia*) und Schneeflockenblume (*Sutera diffusus*) füllen.

Will man den Sichtschutz im Bereich
der Brüstung verstärken, dann helfen vor allem zarte Rankpflanzen, wie niedrige Sorten von Duftwicken (*Lathyrus odoratus*) und die Maurandie (*Maurandya barclaiana*). Man integriert diese Kletterschönheiten in die Bepflanzung des Balkonkastens. Ein maximal 30 Zentimeter hohes Rankgerüst wird hinter den

Pflanzen in die Erde gesteckt. Als Alternative kann man auch aus Weiden- oder Haselnussruten selbst ein Rankgerüst bauen. Die Abstände zwischen den Ruten sollten etwa acht Zentimeter betragen. Eine solche Lösung bietet sich vor allem für Balkone im Hochparterre beziehungsweise für einen seitlichen Sichtschutz an. Neugierige Blicke können abgehalten werden, und zugleich wird der Lichteinfall kaum gemindert.

Bewachsene Spaliere schmücken auch die Balkonwände. Eine lebendige Tapete wird vor allem dann interessant, wenn man nicht streichen darf beziehungsweise will. Zudem werden kleine Mängel im Putz charmant verdeckt.

Schnell wachsende, einjährige Kletterpflanzen

Name	Japanischer Hopfen (*Humulus scandens*)	Sternwinde (*Ipomoea lobata*)	Prunkwinde (*Ipomoea purpurea*)	Kletterndes Löwenmaul (*Lophospermum erubescens*)	Feuerbohne (*Phaseolus coccineus*)	Schwarzäugige Susanne (*Thunbergia alata*)	Orangefarbener Glockenwein (*Thunbergia gregorii*)
Höhe	180 – 250 cm	200 – 500 cm	200 – 300 cm	150 – 300 cm	200 – 350 cm	80 – 200 cm	120 – 300 cm
Bemerkungen	Blattschmuckpflanze für schattige Standorte. Unscheinbare Blüten. Bildet schnell eine dichte Wand aus schuppenförmig übereinander liegenden Blättern. Eignet sich für Spaliere und Obelisken.	Schnell wachsende, Wärme liebende Schlingpflanze. Wächst einjährig. Blüten in bis zu 40 cm langen Rispen; rote Knospen, cremefarbene Blüten. Blüht ab Juli. Wächst zuverlässig auch an Drähten und Seilen in die Höhe.	Robuste, pflegeleichte Kletterpflanze, die an Spalieren, Drähte und Schnüren nach oben wächst. Auffällig blaue oder lilafarbene Blütentrichter, die morgens aufblühen und am Abend welken. Warme Standorte fördern das Wachstum.	Stark wachsende Rankpflanze mit rosaroten, trichterförmigen Blüten ab Juli. Für sonnige, warme Standorte. Im Halbschatten weniger Blüten. Schwachwüchsiger ist *Maurandya barclaiana* mit zierlichen fliederblauen Blüten und einer Höhe von 150 cm.	Rasch kletternder Schlinger, robust und pflegeleicht. Bietet einen schnellen Sichtschutz auch an ungeschützten Standorten. Für sonnige bis halbschattige Plätze. Feuerrote Blüten. Bohnen vor der Aussaat 24 Stunden in warmem Wasser quellen.	Einjähriger Schlinger, der viel Wärme braucht. Typisch ist das schwarze Auge in der Mitte der flachen Blütenscheibe. Diese ist je nach Sorte orange, hellgelb oder weiß gefärbt. Die Triebspitzen schlingen sich um die Kletterhilfe. Auch für Hanging Baskets geeignet.	Stark wachsender Schlinger. Sehr große, flattrig wirkende Blüten in leuchtendem Orange. Sonnige bis halbsonnige Plätze, die unbedingt warm und windgeschützt sein sollten. Schön für große Obelisken.

Brüstung & Geländer

Ein blühender Rahmen für den schönen Ausblick

Wo der Balkon endet, befindet sich sein Herzstück. Die Brüstung oder das Geländer – das hängt von der Architektur des gesamten Hauses ab – ist nur etwa einen Meter hoch und bildet den eigentlichen Übergang von drinnen nach draußen. Bei der Loggia ist nur die vordere Längsseite bis zur Decke offen, bei einem vorgebauten Balkon können auch eine oder zwei Schmalseiten mit in die Brüstung einbezogen sein. Für den Balkongärtner stellt dieses Balkonelement die klassische Pflanzfläche dar. In den meisten Fällen

bedeutet das aber, dass die Bepflanzung zum Prestigeobjekt für die Nachbarn wird, denn sie wird vor allem von den Passanten gesehen. Für das eigene Wohlbefinden auf dem Balkon sollte man das Augenmerk daher nicht nur auf das Geländer legen, sondern auch den anderen Bereichen wie Stellflächen, Decken und Wänden ausreichend Bedeutung geben, damit man von der Pflanzenschönheit selbst profitiert.

Außerdem muss man berücksichtigen, dass die Möglichkeiten der Anbringung von klassischen Balkonkästen von der jeweiligen Bauweise abhängen. Ein **Geländer** kann aus breiten Holzlatten oder mehr oder weniger filigranen Eisenstreben gebaut sein. Bei letzteren fällt der Blick auch von der Innenseite auf die Kästen. Für die sichere Befestigung benötigt man spezielle Halterungen. Gelungene Beispiele zeigen wir Ihnen auf Seite 24.

Die klassische Bauweise für eine Balkonaußenseite ist die **Brüstung.** Die Wand wird halb hochgezogen und endet als Mauer. Mit einer U-förmigen Halterung lassen sich Balkonkästen leicht anbringen. Man sollte allerdings bedenken, dass solche Halter gepolstert werden, damit keine Scheuerstellen an der Fassade entstehen. Schwierig wird die Gestaltung der Brüstung nur, wenn aus Sicherheitsgründen auf der Mauerkrone ein Handlauf installiert wurde. Achten Sie beim Einkauf der Halterungen darauf, dass sie problemlos angebracht werden können. Außerdem sollten die Kästen so hoch aufgehängt werden, dass der Handlauf nicht immer wie ein Querbalken vor den Pflanzen liegt, sondern von buschigen und überhängenden Pflanzen geschickt überwachsen wird, sodass er nur zum Teil sichtbar ist und im Laufe des Sommers immer mehr verschwindet.

Verschiedene Sonderformen treten je nach Bauweise auf. Sie sind Modeerscheinungen, die von der Gegend und dem Baujahr des Hauses abhängen. In den späten 70er Jahren kam es in Mode, **integrierte Pflanzgefäße** an die Brüstung

Hängt man den gleichen Kasten wie Seite 23 außen an das Geländer, sieht man von der blumigen Pracht nur sehr wenig.

zu bauen. Mit Betonfertigteilen wurde die Brüstung als Pflanzkübel gestaltet. Die Vorteile sind eine vergrößerte Pflanzfläche und natürlich ein größerer Wurzelraum, der sogar die Bepflanzung von langsam wachsenden Zwerggehölzen, Zwiebelblumen und kleinen Stauden erlaubt. Wenn die Gefäße sehr tief sind, wird es mühsam, die Erde auszutauschen, weil man im Stehen nicht bis auf den Grund kommt und es ein gefährliches Unterfangen ist, sich mit einer Leiter an der Brüstung zu helfen. Ein weiteres Problem, das häufig auftritt, ist der schlechte, leicht verstopfende Wasserablauf.

Aus dem späten 19. Jahrhundert

stammt dagegen eine andere Bauart, die ihre Vorbilder in Südeuropa hat und vor allem bei Altbauwohnungen in Großstädten verbreitet ist. Den Abschluss des Balkongeländers bildet ein **Gitterkasten,** der im gleichen Stil wie das Geländer geschmiedet ist. In diesen Kasten kann man nun eine Sammlung aus Einzeltöpfen stellen oder aber auch ganze Balkonkästen. Diese Bauweise hat den Vorteil, dass man keine zusätzlichen Halterungen für die Pflanzgefäße anbringen muss. Das umlaufende Gitter verhindert, dass die Töpfe um- oder gar herunterfallen. Wichtig ist nur, dass man Untersetzer für überschüssiges Gießwasser aufstellt, damit das Wasser nicht auf den darunter liegenden Balkon oder den Bürgersteig tropft und so für Streitpunkte mit den Nachbarn sorgt.

Malerisch bauen sich die überhängenden Pflanzen im Balkonkasten auf, wenn dieser nach innen gehängt wird.

Für eine stimmige

Bepflanzung und eine ausgewogene Gesamtgestaltung sollte man wissen, dass es nicht zwangsläufig notwendig ist, die Brüstung über ihre gesamte Breite zu bepflanzen. Abstände zwischen den Kästen, die nicht breiter sind als die Gefäße, wirken überzeugend, wenn man zwei bis drei weitere Blickfänge wie Ampeln oder bepflanzte Wandgefäße schafft. Es reicht, die Hälfte bis zwei Drittel der Brüstungslänge mit Kästen zu schmücken. In die Ecken stellt man ein Kugelbäumchen und schafft so elegant einen Übergang zwischen den Kästen. Zugleich ist man bei der Pflanzung und Pflege ganz fix fertig. Vor allem bei einer Bepflanzung im Frühling, Herbst oder Winter sollte man eine weniger aufwändige Bepflanzung in Erwägung ziehen, um Kosten und Mühe zu sparen. Meist reicht es aus, wenn der Blick aus der Wohnung auf die Brüstung entsprechend der jeweiligen Jahreszeit geschmückt ist.

Halterungen

Halterungen für den klassischen Balkonkasten müssen auf die Bauart des Balkons abgestimmt sein. Nehmen Sie zum Einkauf eine Skizze mit den Maßen von Brüstung oder Geländer mit. Wichtig ist, dass sie dauerhaft die Last halten, selbst wenn das Substrat mit Wasser voll gesogen ist. Es darf sich weder das Gefäß durchbiegen noch darf die Halterung auf Dauer ausleiern. Der Kasten muss waagerecht stehen, sonst wird Erde beim Gießen herausgespült.

▲ Mit Stil

Durch den farbigen Blumenkasten werden die filigranen Schnörkel der Eisenhalterung betont. Die Maße von Kasten, Halterung und Oberkante der Brüstung müssen aufeinander abgestimmt werden.

▼ Feste Größe

Diese Halterung bietet Kästen stabilen Halt. Man hängt sie an das Geländer und setzt anschließend die Kästen ein. Die Konstruktion wirkt solide und dezent.

▲ Two in one

Die Drahthalterungen sind in das Weidengeflecht des Korbes integriert, sodass man ihn jederzeit überall an ein Geländer hängen kann. Eine Plastikfolie verhindert, dass Wasser heraustropft.

▼ Für Töpfe

In dieser Drahthalterung kann man Einzeltöpfe aufstellen. Das farbige Design der Gefäße wird zum Bestandteil der Gestaltung, und jeder Topf hat einen Untersetzer.

▲ Patente Lösung

Diese schlichte Balkonkastenhalterung fasziniert, denn sie ist ganz einfach. Man setzt den Kasten ein und hakt die Halterung an der Innenseite ein. Anschließend kann man die Kästen aufhängen. Je nach Kastenlänge verwendet man zwei bis vier Halterungen, um eine dauerhaft sichere Befestigung zu gewährleisten. Man muss nur beachten, dass die Kästen von der Höhe und Tiefe her zu den Halterungen passen.

Je nach Bauart der Halterung

kann man fertig bepflanzte Kästen aufhängen oder auch einzelne Töpfe in die Halterungen stellen. Vom Aufwand der Pflanzung und von der Pflege her macht das wenig Unterschied. Für Pendler zeigt sich ein kleiner Vorteil bei der Topfvariante: Man kann die Einzelgefäße mit wenigen Handgriffen während der Abwesenheit in den Schatten stellen. Dadurch wird weniger Wasser verbraucht. Im Übrigen ist es eher eine Stilfrage, welchen Typ Halterung man wählt. Einzeltöpfe lassen sich immer wieder neu kombinieren und somit eine welke Schönheit fix auswechseln.

Schwieriger ist die Frage,

ob man die Kästen nach **innen** oder nach **außen** hängt. Meist macht man sich darüber keine Gedanken. Automatisch hängt der Kasten nach außen. Das sieht zwar für den Betrachter des Hauses sehr schön aus, aber wenn man es sich fix gemütlich machen will, dann kommt diese Bepflanzung nicht zur Geltung. Sehr schön wird der Unterschied in den Bildern auf Seite 22 und 23 deutlich. Und wenn Sie dieses Buch aufmerksam betrachten, dann werden Sie merken, dass bei den meisten der tollen Gestaltungen die Kästen nach innen gehängt werden.

Wenn man die Kästen nach innen hängt, dann sollte man den Einfluss auf die Lichtsituation beachten. Eine geschlossene Brüstung schattiert die Pflanzen. Im Hochsommer ist das ein großer Vorteil, denn die Pflanzen machen nicht so schnell schlapp und verbrauchen auch nicht so viel Wasser.

Hat man nur wenig Platz zur Verfügung, muss man sich gut überlegen, ob der Kasten nach innen gehängt wird, denn er nimmt kostbare Stellfläche weg. Hier könnte man die Schmalseiten und im Bereich der Ecken auch die Längsseiten nach innen mit Kästen versehen, in der

Mittelpartie der Längsseite dagegen die Kästen außen aufhängen. So spart man Platz und verzichtet zugleich nicht auf eine bessere Wirkung.

Spezielle Doppelkästen werden wie Satteltaschen über die Brüstung gehängt und sitzen dann zugleich **innen und außen.** Dadurch verbindet man die Vorteile beider Varianten. Außerdem ist die Pflanzfläche größer und man kann sie wie ein kleines Beet anlegen und abwechslungsreich gestalten.

Wenn die Bauart des Balkons das Anbringen von Kästen erschwert, stellt man Blumenbänke vor der Brüstung auf.

Der perfekt gestaltete Balkonkasten

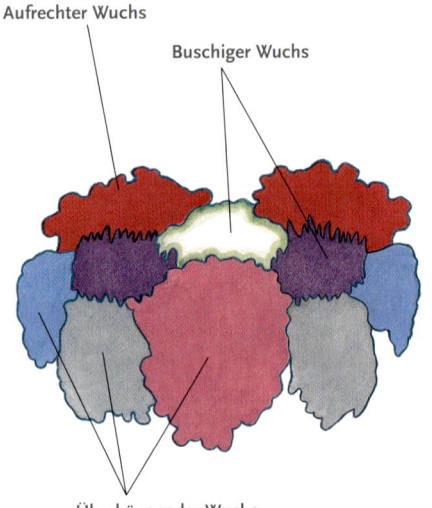

Aufrechter Wuchs

Buschiger Wuchs

Überhängender Wuchs

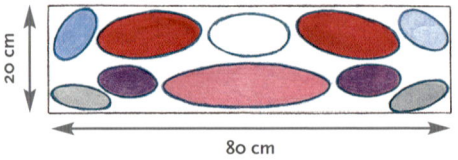

20 cm

80 cm

Schmal, aber lang

sind die Balkonkästen. Das macht die Bepflanzung aus gestalterischer Sicht nicht leicht. Ziel ist, dass die Pflanzen harmonisch ineinander wachsen und sich zu einer stimmungsvollen Kulisse aufbauen. Man unterteilt die Balkonschönheiten nach ihrer **Wuchsform:** aufrechte, buschige und überhängende Pflanzen. Zur Gruppe der **aufrecht wachsenden** Arten zählen beispielsweise Ziertabak *(Nicotiana × sanderae)*, stehende Pelargonien *(Pelargonium*-Zonale-Hybriden) und Vanilleblume *(Heliotropium arborescens)*. Diese werden im Hintergrund als Leitpflanzen platziert. Bei einer Kastenbreite zwischen 60 und 80 Zentimetern verteilt man etwa drei Pflanzen, bei 120 Zentimetern nimmt man ein Exemplar mehr. Balkonpflanzen mit einem **überhängenden Wuchs** werden an den Ecken sowie in der Mitte platziert. Je nach Breite werden drei bis vier Pflanzen benötigt. Die Auswahl an Kaskadenpflanzen reicht von blütenreichen Hängepetunien *(Petunia*-Surfina-Hybriden), Fächerblumen *(Scaevola saligna)* und Hängeverbenen *(Verbena*-Hybriden) bis hin zum Blattschmuck mit Mottenkönig *(Plectranthus)* und Helichrysum.

Nun müssen nur noch die Lücken geschlossen werden. Hierbei helfen die Pflanzen mit **buschigem Wuchs.** Sie sollten reich verzweigt sein und gleichzeitig zahlreiche kleine Blüten haben. So ordnen sie sich perfekt den Leitpflanzen unter. Leberbalsam *(Ageratum houstonianum)*, Männertreu *(Lobelia erinus)* und Schmalblättrige Zinnien *(Zinnia angustifolia)* sind bekannte Beispiele. Nach diesem einfachen Schema können auch Anfänger ganz fix einen Kasten gestalten. Die Tabelle auf Seite 28 hilft bei der Auswahl der passenden Pflanzen.

Ton-in-Ton: Gefüllte Begonien und Zauberglöckchen ergeben einen Blütenmix in Apricot.

Bei der Umsetzung

des kleinen Schemas kann man die Vielfalt steigern, indem man innerhalb der drei Gruppen von Wuchsformen verschiedene Pflanzenarten verwendet. Je breiter der Balkonkasten, desto wichtiger ist dieser Kunstgriff. Wählt man beispielsweise die überhängenden Pflanzen aus, so kann man an den Ecken violette Hängepetunien (*Petunia*-Surfinia-Hybride) platzieren und in der Mitte eine fliederfarbene.

Harmonisch wirkt eine symmetrische Verteilung der Arten. Für Spannung sorgen Sie, wenn Sie einen asymmetrischen Aufbau wählen. Dies will mit Bedacht erfolgen und zählt schon zur höheren Kunst der Balkongestaltung.

Abgerundet wird die Gestaltung durch eine feinsinnige **Farbabstimmung**. Diese sollte man allerdings nicht isoliert sehen, sondern mit der Gesamtgestaltung in Einklang bringen. Hierbei sollte das Augenmerk vor allem auf Töpfe, Möbel und Stoffe gerichtet werden. Mehr dazu lesen Sie auf Seite 29 und auf Seite 52 ff.

Leuchtender Dreiklang: Die Strohblumen leuchten gelb zwischen roten und violetten Zauberglöckchen.

Duo-Ton: Zwischen weißen Strauchmargeriten bauen sich violette Hängeverbenen auf.

Auch der Standort ist

bei der Pflanzenauswahl ganz wesentlich. Als **sonnig** bezeichnet man einen Balkon, der vom Vormittag bis zum Nachmittag in der prallen Sonne liegt. Meist ist das Klima im Hochsommer um die Mittagszeit sehr heiß. Geranien (*Pelargonium*), Mittagsgold (*Gazania*) und Kapmargeriten (*Osteospermum*) eignen sich für solche Plätze gut. **Schattige** Balkone haben nur wenige Sonnenstunden. Sie sind entweder

nach Norden ausgerichtet oder werden durch Nachbargebäude beziehungsweise große Gehölze von der direkten Sonneneinstrahlung abgeschirmt. Fuchsien (*Fuchsia*), Begonien (*Begonia*) und Fleißige Lieschen (*Impatiens*) blühen auch ohne Sonne reichlich. Neben diesen Extremen gibt es noch den **halbschattigen** Standort, bei dem die Sonne nur vormittags oder nachmittags scheint. Da sich über Mittag die Wärme nicht staut, passen dort Balkonschönheiten, die es hell, aber luftig kühl mögen, wie Männertreu (*Lobelia erinus*), Elfensporn (*Diascia*-Hybriden) und Elfenspiegel (*Nemesia*-Hybriden). Weitere Beispiele finden Sie auf Seite 62 ff. für sonnige und Seite 76 für schattige Bereiche. Einen Unterschied macht es auch, ob die Pflanzen unter dem Dach wachsen oder ob sie durch Regen nass werden können. Begonien beispielsweise sind für einen offenen Platz weniger zu empfehlen, weil dann Pilzkrankheiten wie Grauschimmel ein leichtes Spiel haben.

Kombinieren leicht gemacht

Farbe	Pflanzen mit überhängendem Wuchs	Pflanzen mit buschigem Wuchs	Pflanzen mit aufrechtem Wuchs
Weiß	Schneeflockenblume (*Sutera diffusus*), Hängelobelie (*Lobelia erinus*), Petunie (*Petunia*-Surfinia-Hybriden), Zauberglöckchen (*Petunia*-Calibrachoa-Hybriden), Fächerblume (*Scaevola saligna*)	Sommernelke (*Dianthus*-Chinensis-Hybriden), Spanisches Gänseblümchen (*Erigeron karwiskianus*), Duftsteinrich (*Lobularia maritima*), Elfenspiegel (*Nemesia*-Hybriden)	Strauchmargerite (*Argyranthemum frutescens*), Levkoje (*Matthiola incana*), Ziertabak (*Nicotiana × sanderae*), Kapmargerite (*Osteospermum ecklonis*), Mehlsalbei (*Salvia farinacea*), Zinnie (*Zinnia elegans*)
Gelb	Hängebegonien (*Begonia*-Hybriden), Goldzweizahn (*Bidens ferulifolia*), Zauberglöckchen (*Petunia*-Calibrachoa-Hybriden), Husarenknöpfchen (*Sanvitalia procumbens*), Kapuzinerkresse (*Tropaeolum*-Hybriden)	Dukatentaler (*Asteriscus maritimus*), Pantoffelblume (*Calceolaria integrifolia*), Nachtkerze (*Oenothera*-Hybriden), Studentenblume (*Tagetes tenuifolia*), Gelbes Gänseblümchen (*Thymophylla tenuiloba*)	Strauchmargerite (*Argyranthemum frutescens*), Sonnenblume (*Helianthus annuus*), Strohblume (*Helichrysum bracteatum*), Kapmargerite (*Osteospermum ecklonis*), Zinnie (*Zinnia elegans*)
Rosa	Schneeflockenblume (*Sutera diffusus*), Hängelobelie (*Lobelia erinus*), Hängegeranie (*Pelargonium*-Peltatum-Hybriden), Petunie (*Petunia*-Surfinia-Hybriden), Hängeverbene (*Verbena*-Hybriden)	Sommernelke (*Dianthus*-Chinensis-Hybriden), Elfensporn (*Diascia*-Hybriden), Fleißiges Lieschen (*Impatiens walleriana*), Duftsteinrich (*Lobularia maritima*), Elfenspiegel (*Nemesia*-Hybriden)	Strauchmargerite (*Argyranthemum frutescens*), Fuchsie (*Fuchsia*-Hybriden), Levkoje (*Matthiola incana*), Ziertabak (*Nicotiana × sanderae*), Aufrechte Geranie (*Pelargonium*-Zonale-Hybriden), Zinnie (*Zinnia elegans*)
Rot	Hängefuchsie (*Fuchsia*-Hybriden), Knollenbegonie (*Begonia*-Knollenbegonien-Hybriden), Zauberglöckchen (*Petunia*-Calibrachoa-Hybriden), Kapuzinerkresse (*Tropaeolum majus*), Hängeverbene (*Verbena*-Hybriden)	Maskenblume (*Alonsoa × meridionalis*), Eisbegonie (*Begonia*-Semperflorens-Hybriden), Hahnenkamm (*Celosia*-Hybriden), Fleißiges Lieschen (*Impatiens walleriana*), Wandelröschen (*Lantana*-Camara-Hybriden)	Fuchsie (*Fuchsia*-Hybriden), Ziertabak (*Nicotiana × sanderae*), Aufrechte Geranie (*Pelargonium*-Zonale-Hybriden), Feuersalbei (*Salvia splendens*), Zinnie (*Zinnia elegans*)
Orange	Knollenbegonie (*Begonia*-Knollenbegonien-Hybriden), Hängefuchsie (*Fuchsia*-Hybriden), Hängegeranie (*Pelargonium*-Peltatum-Hybriden), Kapuzinerkresse (*Tropaeolum*-Hybriden)	Wandelröschen (*Lantana*-Camara-Hybriden), Studentenblume (*Tagetes tenuifolia*), Schmalblättrige Zinnie (*Zinnia angustifolia*)	Mittagsgold (*Gazania*-Hybriden), Kapmargerite (*Osteospermum ecklonis*), Studentenblume (*Tagetes*-Erecta-Hybriden), Zinnie (*Zinnia elegans*)
Blau	Leinblättriger Gauchheil (*Anagallis monellii*), Hängelobelie (*Lobelia erinus*), Blaumäulchen (*Torenia*-Hybriden)	Männertreu (*Lobelia erinus*), Witwentränen (*Commelina-tuberosa*-Sorten), Hainblume (*Nemophila menziesii*)	Angelonie (*Angelonia gardneri*), Mehlsalbei (*Salvia farinacea*), Kornblume (*Centaurea cyaneus*)
Violett	Blaue Mauritius (*Convolvulus sabatius*), Hängelobelie (*Lobelia erinus*), Hängepetunie (*Petunia*-Surfinia-Hybriden), Fächerblume (*Scaevola saligna*), Eisenkraut (*Verbena*-Hybriden)	Leberbalsam (*Ageratum houstonianum*), Blaues Gänseblümchen (*Brachyscome multifida*), Kapaster (*Felicia amelloides*), Männertreu (*Lobelia erinus*), Elfenspiegel (*Nemesia*-Hybriden)	Vanilleblume (*Heliotropium arborescens*), Lavendel (*Lavandula angustifolia*), Sommersalbei (*Salvia nemorosa*)

Die Harmonie von Wuchs und Farben

Fingerspitzengefühl und Erfahrung bei der Auswahl sorgen für großartige Wirkung. Je besser Sie die Eigenheiten der Balkonpflanzen kennen, desto leichter kombinieren Sie Formen und Farbtöne zu einer wohlklingenden Melodie. So kommen auch die verschiedenen Jahreszeiten gut zur Geltung.

Pures Frühlingsglück: Zwischen Tulpen und Narzissen machen sich Vergissmeinnicht und weiß-grüner Efeu breit.

Bezaubernde Kombinationen

wirken dadurch gelungen, dass sich die Einzelpflanzen wie in einem hübschen Blumenbeet lückenlos ergänzen und dennoch jede Art für sich auffällt. Dieses Zusammenspiel wird gefördert, indem man bei der Auswahl nicht nur auf die Farbe der Blüten, sondern auch auf deren Form achtet. Wünscht man einen Kasten in Uni, beispielsweise in klarem Gelb, so sollte man bei gleicher Farbe für Abwechslung in den Blüten sorgen. Klassische runde Margeritenblüten von Kapmargeriten *(Osteospermum)* mit terrakottagelben Trichtern von Zauberglöckchen *(Petunia*-Calibrachoa-Hybriden) und den flattrigen Mäulchen der Kanarischen Kresse *(Tropaeolum peregrinum)* schaffen eine solche abwechslungsreiche Vielfalt. Hat man dagegen verschiedene Farben, können ähnliche Blütenformen den Zusammenhalt verstärken. Blaues Gänseblümchen *(Brachyscome multifida)*, gelbe Margeriten *(Argyranthemum frutescens)* und rote Zinien *(Zinnia elegans)* bilden einen solchen perfekten Dreiklang.

Im Frühling freut man sich

immer wieder aufs Neue über Üppigkeit und satte Farben. Beides bietet etwa ganz fix ein Kasten mit verschiedenen Hornveilchen *(Viola cornuta)*. Die gelben, blauen und orangefarbenen Mini-Stiefmütterchen blühen unermüdlich. Auch mit Primeln *(Primula vulgaris)*, Narzissen *(Narcissus)* oder Tulpen *(Tulipa)* entstehen im Handumdrehen solche Kästen, die nach dem tristen Winter die Kraft des Frühlings unterstreichen. Pflanzt man die Zwiebeln schon im Herbst, kann man mit einem einfachen Trick die Fülle noch vergrößern: Legen Sie die Zwiebeln in Lasagne-Methode in zwei bis drei Schichten, dazwischen immer dünn mit Erde füllen. Die Triebe schieben sich im Frühling aneinander vorbei, und die dichten Blüten sehen aus wie ein gepflanzter Blumenstrauß. An den Rändern kann man Efeu setzen, der mit seinen Ranken die Gestaltung elegant abrundet.

Die blauen und gelben Hornveilchen greifen das Muster des Kastens farblich auf.

▼ Sonnig warm

Die Blüten der gelben Strauchmargerite (*Argyranthemum frutescens*) schweben wie eine Wolke, die sich aus orangefarbenen Kapmargeriten (*Osteospermum ecklonis*), Dukatentaler (*Anteriscus maritimus*) und Mittagsgold (*Gazania rigida*) zu lösen scheint. Nach unten ergießen sich orangefarbene Zauberglöckchen (*Petunia* 'Million Bells').

◄ Klare Farben

Das leuchtende Blau von Mehlsalbei (*Salvia farinacea*), Blaumäulchen (*Torenia*-Hybride) und Hängeverbene (*Verbena*-Hybride) baut sich an den Ecken auf. In der Mitte des Kastens leuchten die roten Blüten einer aufrechten Geranie (*Pelargonium*-Zonale-Hybride). Die kleinblumige Studentenblume (*Tagetes tenuifolia*) lockert mit Orange auf.

Kombinationen zum Nachpflanzen

Auf diesen Seiten stellen wir Ihnen wundervolle Kastengestaltungen vor. Den symmetrischen Aufbau und die klare Verteilung der verschiedenen Wuchsformen kann man gut erkennen. Zugleich zeigt die individuelle Auswahl der Balkonblumen, wie die Bepflanzung die gewählte Stilrichtung ausdrückt und wie die Kästen das Farbenspiel ergänzen. Die Beispiele zeigen auch, wie schön es aussieht, wenn sich die Pflanzen zur Innenseite des Balkons hin entfalten.

► Peppig bunt

Bei dieser Pflanzenauswahl kann man nichts falsch machen. Fliederfarbene Petunien (*Petunia*) mit einfachen und gefüllten Blüten werden mit Ringelblumen (*Calendula officinalis*) kombiniert. Witzig sieht es aus, wenn man dazwischen noch gelbe Cocktailtomaten oder einen Korallenstrauch (*Solanum pseudocapsicum*) setzt.

▲ Rosa Welle

Den Mittelpunkt des Kasten bilden rosarote Nelken (*Dianthus chinensis*). Als heller Kontrast wachsen dahinter weiße Margeriten (*Argyranthemum frutescens*) mit grauem Laub. Wie eine Blütenkaskade ergießen sich die rosafarbenen Petunien (*Petunia*-Surfinia-Hybriden). Ihre Farbe findet in dem kleinen Metalltisch ein bezauberndes Pendant.

◄ Mit Charme

Die kleinen Metallobelisken geben diesem Kasten eine romantische Note. Duftwicken (*Lathyrus odoratus*) klettern in die Höhe und übernehmen die Funktion der Leitpflanze. Dazu gesellen sich überhängendes weißes Männertreu (*Lobelia erinus*) und violette Zauberglöckchen (*Petunia*-Calibrachoa-Hybride). Violettes Eisenkraut (*Verbena*-Hybriden) füllt mit seinem buschigen Wuchs die Zwischenräume dicht und farbenfroh aus.

▼ Gutes Duo

Die lockeren Blütenstände des Ziertabaks (*Nicotiana × sanderae*) bauen sich wie ein niedriger Paravent auf. Sie bilden einen kleinen Sichtschutz, der den direkten Blick auf den Tisch verwehrt. Durch den Wechsel von weißen, roten und rosafarbenen Blüten wird die Reihe aufgelockert. Im Vordergrund macht sich ein Teppich von Leberbalsam (*Ageratum houstonianum*) breit. Welke Blüten sollten regelmäßig ausgezupft werden.

▲ Blütenfülle

In Rosa und Weiß ergänzen sich aufrechte Geranien (*Pelargonium*-Zonale-Hybriden), Hängepetunien (*Petunia*-Surfinia-Hybride) und Tapien-Verbenen (*Verbena*-Hybriden) sowie graugrünes Helichrysum.

▼ Leichtigkeit

Einjähriger Phlox (*Phlox drummondii*) und das blau blühende Männertreu (*Lobelia erinus*) passen perfekt in das ländlich-rustikale Korbgefäß.

▲ Zweiklang

Hängegeranien (*Pelargonium*-Peltatum-Hybriden) schmücken mit ihren zahlreichen Blütenständen den Saum des Kastens und entwickeln im Laufe des Sommers eine Kaskade. Nach oben richten sich Rispen des Sommersalbeis (*Salvia nemorosa*) auf. Man schneidet sie nach der ersten Blüte zurück, damit sie nochmals neue Blüten treiben. Die Lücken füllen die buschigen Polster der Becherblüte (*Nierembergia*).

Wände & Decken

Für ein rundum blumiges Balkonvergnügen

Hellrosa Hängepetunien und lila-blaue Fächerblumen – ideale Ampelpflanzen für einen üppigen Blütenschmuck von oben.

Wenn es um die Bepflanzung

und Einrichtung des Balkons geht, vergisst man meist zunächst die Decke und die Wände. Das liegt zum einen daran, dass sich die Brüstung mit den Blumenkästen optisch in den Vordergrund drängt, zum anderen auch daran, dass man meistens nicht ohne Rücksprache mit dem Vermieter, Bohrlöcher anbringen darf, und die wiederum braucht man, um Ampeln, Wandregale oder Ähnliches solide zu befestigen. Manchmal ist es sogar untersagt, den Anstrich zu verändern. Die entstehenden Schwierigkeiten verdrängt man gerne. Doch es ist schade, diese Flächen ungenutzt zu lassen. Wenn man die Decke als Aufhängung nutzt und an den Wänden Bretter und Regale anbringt, wird die Gestaltung insgesamt viel ausgewogener. Und davon profitiert die Stimmung und das Wohlgefühl. Teilweise dürfen Bohrlöcher nur durch einen Fachmann oder den Hausmeister ausgeführt werden. Dies sollte man beherzigen und die Maßnahme protokollieren, um späteren Ärger zu vermeiden.

Der Grund ist ein möglicher Schaden an der Hausisolierung. Bei der Decke dürfte dies eigentlich keine Probleme machen. Am besten bringt man dort gleich zwei oder drei Haken an. Mit Hilfe von Seilsystemen kann man so auch später noch Lampions, Girlanden oder ein Moskitonetz aufhängen. Manchmal kann man auch die Deckenbefestigungen des Vorgängers nutzen. Bei den Wänden ist ein Bohrverbot verständlich, denn dort ist das Schadenpotential größer.

Bunte Lampions verzaubern die Stimmung an lauen Sommerabenden.

Mit einem Schuss Fantasie

kommt man jedoch auch mit weniger Aufwand zum Ziel. So kann man beispielsweise schäbige oder altmodische Wände kaschieren, indem man Stoffe davor drapiert. Oder Sie nehmen Holzplatten, die vor die großen Wände gelehnt werden. Man kann diese Platten mit Spachtelmasse, Farbe, Folie oder Stoff individuell gestalten, sodass sie schließlich zum Blickfang werden und von anderen Unzulänglichkeiten ablenken. Auch Strohmatten kann man in maßgeschneiderte Rahmen spannen und vor die Wände lehnen. Darf man in die Decke bohren, so ist es am besten, wenn man solchen Wandverkleidungen von der Decke abhängt.

Hat man eine Fensterbank

auf dem Balkon, kann man mit Halterungen auch dort Gefäße wie Balkonkästen anbringen. So lässt sich der Blumenzauber vom Geländer nochmals wiederholen und man gibt dem gesamten Raum eine einheitliche Note. Fehlt eine Anbringungsmöglichkeit, helfen Ständer für Kästen weiter, die so genannten **Jardinieren,** die in der Gründerzeit und im Biedermeier weit verbreitet waren.

Wenn man Ampeln

aufhängt, so lassen sich auch hier ähnliche Beziehungen knüpfen. Hat man im Kasten an der Brüstung etwa Hängepetu-

nien (*Petunia*-Surfinia-Hybriden) als überhängende Pflanze ausgewählt, so kann man diese in der Ampel wiederholen. Dadurch entsteht eine harmonische Verbindung. Zugleich kann eine größere Blumenampel im Sommer zum Schattenspender oder Sichtschutz werden. Wenn man das Gefäß so anbringt, dass es beim Frühstück vor der blendenden Morgensonne hängt oder entsprechend abends vor der untergehenden Sonne, übernimmt die Ampel auch eine praktische Funktion. Im Laufe des Sommers werden die nach unten hängenden Blatt- und Blütengirlanden länger und der Schutz vor neugierigen Blicken wird immer dichter.

Vielseitig und zugleich stilprägend ist das Repertoire der Wandregale zum Stellen und Hängen. Den verschiedenen Einrichtungsmöglichkeiten, die solche Möbel bieten, widmet sich die folgende Doppelseite.

Eyecatcher

1. **Auf der Fensterbank** Die Fensterbank dient für Kästen und Töpfe als zusätzliche Stellfläche.

2. **Ein kleiner Wandgarten** Spalier und Pflanzgefäß kombiniert dieses Wandregal.

Möbel für Balkonpflanzen

Regale, Etageren und Säulen bieten viel Stellfläche für Einzeltöpfe und sind die perfekte Bühne für blühende Schönheiten. Die Möbel unterstreichen mit ihrem Stil auf der einen Seite das Motto der Gesamtgestaltung, zum anderen geben sie dem Topfgarten einen dekorativen Zusammenhalt.

Ein solches Anlehnregal schafft genügend zusätzlichen Platz, etwa für die wichtigsten Küchenkräuter in Töpfen.

Hängeregale werden in den verschiedensten Designs und Materialien angeboten. Die einfachste Form ist ein **Brett,** das an der Wand befestigt wird. Natürlich müssen die Wandhaken das Gewicht der Töpfe auch dann halten, wenn sie mit Wasser gefüllt sind. Schlichte Bretter haben den Vorteil, dass sie kaum auffallen. Die Vorderkante kann farblich eine kleine Unterstreichung für die gesamte Situation auf dem Balkon bewirken.

Metall- und Korbregale unterstreichen dagegen eine bestimmte Stilrichtung. Durch das Material können Flechtregale aus Naturmaterialien einen Bezug zu den Möbeln auf dem Balkon schaffen. Eisenregale mit Schnörkeln sorgen für einen romantischen Touch. Bei Wandregalen ist es von Vorteil, wenn die Stellfläche mit einer vertikalen Einfassung endet. So können die Töpfe nicht herunterrutschen. Hinsichtlich der Bepflanzung sollte man nur einige wenige blühende Farbtupfer auf dem Regal unterbringen. Es muss hier keine überbordende Blütenpracht inszeniert werden.

Für die Pflege der Pflanzen muss man berücksichtigen, dass die Töpfe einen Übertopf oder Untersetzer haben sollten, damit überschüssiges Gießwasser nicht auf den Balkonboden oder nach unten zum Nachbarn tropft. Außerdem kann man so die Pflanzen problemlos versorgen, wenn man mal über das Wochenende verreist.

Es gibt auch **Topfhalter,** die an Regenfallrohren oder direkt an der Wand befestigt werden können. Schlichte Tontöpfe werden dabei in eine ringförmige Halterung gehängt. Durch den überstehenden Rand haben sie Halt und rutschen nicht durch. So witzig und pfiffig diese Topfhalter wirken, so unpraktisch sind sie für die Kultur der Pflanzen. Die Erde trocknet schnell aus, und das Wasser fließt durch das notwendige Abzugsloch ungenutzt heraus.

Etwas anderes sind **Pflanzkörbe für die Wand.** Sie sind mit einer Folie ausgekleidet, die verhindert, dass das Gießwasser an der Wand herunterläuft. Man füllt eine Drainage und Erde in das Gefäß und bepflanzt es direkt.

Stellen oder Lehnen

heißen die Alternativen für alle, die keine Möglichkeit zum Aufhängen haben. **Hohe Regale** verbreiten wohnliche Atmosphäre und bieten auch Platz für einige Utensilien zur Pflanzen-

Pflanzenmöbel mit Stil

1. **Wirework**
   Aus Draht wird diese Jardiniere in Handarbeit geflochten.

2. **Filigraner Stil**
   Das Eckregal passt vom Stil zur Möblierung.

3. **Säule statt Ampel**
   Eine Surfinia-Petunie wird zum »Hochstamm«.

4. **Wandschmuck**
   Ein schlichtes Brett steigert die Wohnlichkeit.

pflege, für Windlichter und dekorative Accessoires. Auf kleinen Balkonen stellt ein Eckregal eine perfekte Lösung dar, um den vorhandenen Platz perfekt zu nutzen. Hinsichtlich des Materials sind **Metallmöbel** zu bevorzugen. **Holz** arbeitet, und vor allem bei wechselnder Luftfeuchte und gelegentlichen Regenschauern, die selbst auf einem über-

dachten Balkon eindringen, verzieht sich die Konstruktion. In der Folge lässt die Standfestigkeit nach. Eine Ausnahme sind Regale aus Harthölzern wie Robinie und Teak, doch ist ihre Anschaffung ziemlich kostspielig.

Wer mit dem Regal auch Stauraum gewinnen will, sucht sich ein Modell **mit Türen** im unteren Teil aus. Hinter ihnen verschwinden Dünger und Substratreste sowie die alltäglichen Werkzeuge.

Säulen und Jardinieren

geben einzelnen Töpfen einen perfekten Auftritt. Sie eignen sich vor allem für saisonale Dekorationen. Frühlingsblüher oder kurzzeitige Sommergäste wie niedrige Sonnenblumen kommen wie auf einem solchen mobilen Podest großartig zur Geltung, und das natürlich auch ganz fix!

Ampeln – schwebende Blütenkugeln

Blumenampeln erinnern an einen fliegenden Blütenballon. Sie werden mit Pflanzen gestaltet, die einen kräftigen, überhängenden Wuchs haben. Meist reicht ein Exemplar aus, um das hängende Gefäß unter den üppigen Blütentrieben im Laufe von wenigen Wochen verschwinden zu lassen.

Der Farbkontrast zwischen gelb blühendem Goldzweizahn und tief-violetten Verbenen belebt die Stimmung.

Dicht an dicht sitzen die Blüten bei der Blumenampel, die in den letzten Jahren immer mehr in Mode gekommen ist. Als Pflanzen werden vor allem solche Balkonblu-men verwendet, die ihre Triebe wie eine Kaskade nach unten hängen lassen. Schneeflockenblume (*Sutera diffusus*), Hängegeranien (*Pelargonium*-Pelta-tum-Hybride) und Husarenknöpfchen (*Sanvitalia procum-bens*) blühen zuver-lässig und anhal-tend, sodass man platzsparend den Blütenreichtum ver-größert. Zudem sind Blumenampeln fix gepflanzt und aufge-hängt. Anschließend muss man sie nur pflegen.

Das Angebot ist breit gefächert, sodass man auch für ver-meintliche Problemzonen im Schatten etwas findet. Knollenbegonien (*Begonia*-Knollenbegonien-Hybriden) und Fleißige Lieschen (*Impatiens*-Walleriana-Hybriden) mit gefüllten Blüten schmücken abson-

nige Balkone mit einem Blütenmeer. Für halbschattige Bereiche sind Hängelobe-lien (*Lobelia erinus*) in klarem Blau ein guter Tipp. Wer Rosa liebt, wählt Hänge-fuchsien (*Fuchsia*-Hybriden) mit ihren zarten Blütenglöckchen.

Die Atmosphäre auf dem Balkon

gewinnt durch Ampeln in besonderer Art und Weise, denn eine oder zwei davon stellen zwar keinen lückenlosen Sicht-schutz dar, aber sie verstärken das Ge-fühl, geschützt auf dem Balkon zu sitzen. Schließlich wachsen viele der klassischen Ampelpflanzen sehr schnell und üppig. Eine Hänge-Petunie (*Petunia*-Surfinia-

An Wandhaltern werden Ampeln aufgehängt. Am ausziehbaren Haken (Foto oben) zieht man sie bequem zum Gießen herunter.

Hybride) beispielsweise kann unter optimalen Bedingungen durchaus 60 bis 80 Zentimeter lange Triebe bilden.

Ein idealer Platz für Ampeln ist die Verlängerung der Brüstung nach oben. So baumeln die Töpfe garantiert nicht im Weg, ganz gleich wie der Balkon eingerichtet ist. Platziert man die Gefäße an den Eckpunkten des Balkones, so markieren Sie den zur Verfügung stehenden Raum ohne zu stören. Eine Alternative ist der Bereich über dem Balkontisch. Die Blütenkugeln versperren nicht die Sicht, aber sie geben das angenehme Gefühl, dass die Nachbarn von gegenüber nicht direkt auf den Teller sehen können.

Einige Besonderheiten

hinsichtlich der Pflege von Blumenampeln sollte man kennen. Die Pflanzungen sehen nur dann prächtig aus, wenn sie immer ausreichend **Nährstoffe** erhalten. Vor allem bei üppigen Blütenschönheiten wie Goldzweizahn (*Bidens ferulifera*) und Hänge-Petunien (*Petunia*-Surfinia-Hybriden) sind die Nährstoffvorräte laufend aufzufüllen. Ideal sind Langzeitdünger, die auf diesen hohen Bedarf abgestimmt sind. So kann man das Düngen fast vergessen. Zudem sind Spezialpräparate wie etwa Surfinia-Dünger für die Ampelpflanzen zu empfehlen.

Ein zweiter wichtiger Faktor ist das Gießen. Arripeln brauchen viel **Wasser,** nicht nur weil die Pflanzenmasse groß ist, sondern auch weil sie in der Regel sehr exponiert hängen. Die warme Sommerluft strömt rund um die Pflanzen, wodurch viel Wasser verdunstet wird. Daher sollte man die Anschaffung einer Blumenampel mit Wasserreservoir in Erwägung ziehen. Zum einen muss man seltener gießen, zum anderen überstehen die Pflanzen vor allem die heißen Mittagsstunden wesentlich besser und machen nur selten schlapp. Man muss nur rechtzeitig den Vorratsbehälter immer wieder auffüllen. Meist fasst er einen Liter Wasser mehr als normale Ampelgefäße.

Die schönsten Ampelpflanzen

Name	Girlandenbegonie (*Begonia*-Knollenbegonien-Hybriden)	Goldzweizahn (*Bidens ferulifolia*)	Zauberglöckchen (*Petunia*-Calibrachoa-Hybriden)	Gundermann (*Glechoma hederacea* 'Variegata')	Männertreu (*Lobelia erinus*)	Hängepetunie (*Petunia*-Hybriden, z. B. Surfinia)	Schneeflockenblume (*Sutera diffusus*)
Höhe	25–45 cm	50–60 cm	30–60 cm	80–200 cm	15–25 cm	50–120 cm	10–40 cm
Bemerkungen	Bezaubernde Farbkleckse der großen, zum Teil dicht gefüllten Blüten in Orange, Gelb, Weiß, Rosa und Rot. Schattenverträglich. Viele Sorten, z. B. 'Illumination'. Wichtig: Wind- und Regenschutz. Blätter und Knollen dürfen nicht tropfnass werden.	Kleine Blütensterne an den reich verzweigten Trieben. Feines Blattwerk. Blütezeit bis in den späten Herbst. Sehr üppiger Wuchs, auch für den Halbschatten geeignet. Verträgt kräftigen Rückschnitt und kurzzeitige Trockenheit.	Die kleine Schwester der Hänge-Petunie. Kleine, kompakte Pflanzen, die in der Ampel eine Kugel bilden. Blüten trichterförmig in Weiß, Kirschrot, Orange, Violett und Pink. Spezialdünger für Surfinia-Petunien verwenden. Vor Regen schützen.	Dekorativer Blattschmuck. Dichte, schnurartig nach unten hängende Triebe. Blätter rundlich gezähnt und unregelmäßig weiß gefleckt. Sehr robust, ideal für halbschattige und schattige Plätze. Staunässe vermeiden.	Lockere, überhängende Polster, die sich reich verzweigen. Blüten in verschiedenen Blautönen, Lilarot und Weiß. Meist mit weißem Auge. Gut für halbschattige oder wechselsonnige, kühle Plätze. Werden sie blühfaul, schneidet man die Triebe zurück.	Lange Kaskaden mit großen, trompetenförmigen Blüten in Weiß, Hellrosa, Pink, Hell- und Dunkellila, zum Teil auch gefüllt und duftend. Man sollte Spezialdünger für Surfinia-Petunien verwenden, um Chlorosen zu vermeiden.	Robuste Pflanze mit hängendem Wuchs. Blüten weiß, rosa oder zart fliederfarben, klein zwischen den grünen Blättchen. Die weiße Form ist besonders pflegeleicht. Sowohl für die Sonne als auch für den Halbschatten geeignet.

Hängende Gärten im Miniformat

Hanging Baskets sind die britische Interpretation der Blumenampeln. Die Pflanzen werden dabei in weitmaschige Körbe gepflanzt, und zwar auch von den Seiten. Außerdem werden unterschiedliche Blüten- und Blattschmuckpflanzen feinfühlig kombiniert.

Hornveilchen und Efeu als Frühlingsblickfang in einem Korb, der mit einer Matte aus Kokosfasern ausgelegt ist.

Das englische Wort »basket«

bedeutet Korb. Dieser besteht bei der englischen Variante der Blumenampel aus Metall. Die Maschen sind recht weit, sodass man auch seitlich Jungpflanzen einsetzen kann. Sie sorgen dafür, dass aus verschiedenen Balkonblumen eine einzige blühende Kugel entsteht. Durch die weiten Maschen fällt das Substrat relativ leicht heraus. Man muss also mit einer Einlage arbeiten. Im traditionellen »hanging basket« ist dies ein natürliches Mooskissen vom Floristen. Das dichte, grüne Naturmaterial fügt sich harmonisch in das Gesamtbild ein, allerdings verhindert es nicht, dass das Gießwasser aus dem Gefäß heraustropft.

Für die fixe Bepflanzung gibt es verschiedene Alternativen im Handel. Es sind fertige Einlagen aus Kokosfasern, Altpapier und einem filzartigen Vlies, das von einer Seite mit Plastikfolie versehen ist. Wichtig ist, dass diese Einlagen vorgeprägte Löcher oder Schlitze haben, die sich für die seitliche Bepflanzung eignen. Wie das funktioniert, lesen Sie auf Seite 103. Bei allen Materialien ist eine dezente Farbe gegeben, und die Wasserversorgung fällt wesentlich leichter als bei der traditionellen Pflanzweise.

Die Pflanzen für hängende

Gärten weisen zunächst einmal keine Besonderheiten auf. Im Vergleich zu den typischen Ampelpflanzen, die auf Seite 36/37 erwähnt werden, sollte der Wuchs einer einzelnen Art nicht allzu üppig sein. Ein stark wachsender Goldzweizahn *(Bidens ferulifolia)* beispielsweise würde innerhalb weniger Wochen Pflanzen mit schwächerem Wachstum verdrängen. Die Mischung muss also hinsichtlich der Wuchskraft ausgewogen sein. Ähnlich wie bei einer ausgewogenen Gestaltung von Balkonkästen verwendet man eine Mischung aus aufrechten, buschigen sowie überhängenden und mitunter kletternden Pflanzen.

Die verschiedenen Sorten von Hängepetunien geben der Ampel eine harmonische, abwechslungsreiche Note.

Die Verteilung der Pflanzen

im Gefäß sollte man systematisch angehen. Zunächst werden die Seiten bepflanzt. Hier sollte man die langtriebigen Arten platzieren. Aber auch einige buschige Pflanzen setzt man in die Löcher der Einlage, damit das Gefäß möglichst rasch unter dem Mix aus Blatt und Blüten verschwindet. An den Rändern der großen Öffnung kann man überhängende Balkonblumen setzen, und zwar möglichst so, dass sie später nicht die seitlichen Schönheiten schattieren oder verdecken. Die aufrechten Pflanzen kommen in die Mitte des Korbes. In den Zwischenräumen wirken Blattschmuckpflanzen gut.

Ein Motto hilft bei der Auswahl

der Pflanzen. Das kann beispielsweise die **Blütenfarbe** sein. Man verwendet für eine rosafarbene Blumenampel etwa Strauchmargeriten (*Argyranthemum frutescens*), Elfensporn (*Diascia*-Hybriden), Eisenkraut (*Verbena*-Hybriden) und niedrige Duftwicken (*Lathyrus odoratus*). Nun kann man mit einem graulaubigen Lakritzkraut (*Helichrysum petiolare* 'Silver Mini') die zarte Farbe unterstützen.

Wie ein Muntermacher lockern **Kontraste** auf, etwa die Mischung aus Orange und Violett. Ringelblumen (*Calendula officinalis*), Studentenblumen (*Tagetes*) und Schmalblättrige Zinnien (*Zinnia angustifolia*) scharen sich um eine aufrechte

Vanilleblume (*Heliotropium arborescens*) und eine Temari-Verbene (*Verbena*-Hybride), die mit einer Fächerblume (*Scaevola saligna*) nach unten wächst.

Neben dem Farbmotto kann man sich aber auch ein **Thema** suchen, das der Pflanzung wie ein roter Faden Zusammenhalt gibt. So kann man einen Hanging Basket zum Naschen pflanzen. Hängende Cocktailtomaten, Kapuzinerkresse (*Tropaeolum*-Hybride) und Walderdbeeren (*Fragaria vesca* var. *hortensis*) ergänzen sich. Die Lücken füllt man mit Kräutern, die in der Küche Abwechslung bescheren. Pflücksalate, wie Eichblattsalat, gedeihen üppig im gemischten Korb und können in den Sommermonaten mehrmals pro Woche geerntet werden.

Oder möchten Sie eine blühende **Duftwolke** in das Korbgefäß pflanzen, sodass immer ein angenehmes Parfüm das Zimmer im Freien auszeichnet? Mit weißem Elfenspiegel (*Nemesia*-Hybriden) – er

Es gibt viele verschiedene Körbe mit passenden Einsätzen, die man im britischen Stil von allen Seiten bepflanzen kann.

duftet von allen Formen am intensivsten –, Duftsteinrich (*Lobularia maritima*), duftenden Petunien (*Petunia*-Hybriden) und Eisenkraut (*Verbena*-Hybriden) entsteht eine abwechslungsreiche Mischung. An den Ketten, die das Gefäß halten, könnten sogar noch ein paar Duftwicken (*Lathyrus odoratus*) nach oben klettern. Der Korb sollte nur so hoch gehängt werden, dass man immer mal wieder daran schnuppern kann.

▼ Der Kontrast

In dieser Ampel treffen zwei stark wachsende Balkonschönheiten aufeinander: eine Hängepetunie *(Petunia-*Surfinia-Hybride) und die Fächerblume *(Scaevola saligna)*. Durch die verschieden großen Blüten und den Hell-Dunkel-Kontrast ergänzen sie sich. Außerdem überwächst die Petunie geschickt die sparrigen Triebe der Fächerblume.

◄ In Etagen

Solche gestaffelten Körbe gibt es für die Küche. Statt Zwiebeln, Kartoffeln und Äpfel darin zu lagern, schmücken hier eine bunte Mischung von sonnenliebenden Portulakröschen *(Portulaca grandiflora,* oben) und eine Hänge-Petunie *(Petunia-*Hybride 'Cascadia Charlie', unten) mit lockeren, verzweigten Trieben und Blüten in Lila.

Schöne Ampeln & Hanging Baskets

Sie suchen noch eine Anregung, wie Sie Hängetöpfe beziehungsweise Körbe bepflanzen? Auf diesen beiden Seiten werden Sie sicher fündig. Wichtig ist, dass Sie die Farben mit der Bepflanzung von Kästen und Töpfen in Einklang bringen. Die eine oder andere Pflanze sollte sich wiederholen, damit auch ohne räumliche Verbindung eine optische Verknüpfung entsteht. So wird das Balkonzimmer zu einem in sich stimmig gestalteten Lebensraum für die warmen Tage in den Sommermonaten.

► Wie Flieder

Zauberglöckchen *(Petunia-*Calibrachoa-Hybride) und Hängeverbene *(Verbena-*Hybride) bilden diesen romantischen Blütenball. In der zarten Farbabstufung wirkt diese Blumenampel sehr romantisch. Außerdem passen diese Pflanzen mit ihren eher kleinen Blüten sehr gut auf einen kleinen Balkon, wo sie das Gefühl üppiger Fülle verbreiten.

▲ Zweitonig

Hängeverbenen *(Verbena-*Hybriden) und -petunien *(Petunia-*Hybriden) in verschiedenen Blautönen ergänzen sich sehr gut. Als Auflockerung mischt sich ein hellgelbes Löwenmäulchen *(Antirrhinum majus)* wie ein Lichtblick dazwischen. Die gelbe Farbe bringt einen Kontrast ins Spiel, wirkt aber im Vergleich zu Weiß angenehm warm.

◀ Etwas schräg

Diese Blumenampel hängt direkt vor einer Wand. Die Pflanzen staffeln sich mit ihrem Wuchs geschickt hintereinander. Zur Wand hin baut der Küchensalbei *(Salvia officinalis* 'Purpurascens') mit rötlich überhauchten Blättern seine Büsche auf. In der Mitte sitzt das Blaue Gänseblümchen *(Brachyscome iberidifolia)* mit seinen dichten Kissen. Nach vorne zu schmücken die Triebe von *Helichrysum petiolare* 'Rondello'.

▼ Very british

Die Engländer mögen es bunt und poppig, so wie in diesem Hanging Basket. Hier treffen Blattschmuck-Pelargonien *(Pelargonium*-Hybriden), rote Petunien *(Petunia*-Hybriden), rosafarbener Elfensporn *(Diascia*-Hybriden) und Kapuzinerkresse *(Tropaeolum majus)* aufeinander. Die Mischung hat eine faszinierende Buntheit, die dem Balkon eine peppige Note gibt und zugleich durch eine ruhige Umgebung unterstrichen wird.

▲ ▼ Für den Schatten

Blatt- und Blütenschmuck kommen an schwach besonnten Plätzen mit kräftigen Farben zur Geltung: Weiß und rot gefärbte Fuchsienglocken *(Fuchsia)* und die panaschierte Süßkartoffel *(Ipomoea batata* 'Variegata', im Bild oben). Unten mischen sich verschiedene Knollenbegonien *(Begonia*-Knollenbegonien-Hybriden) mit dem feinlaubigen Lakritzkraut *(Helichrysum petiolare)*, das lange Triebe bildet.

▲ Kräutergarten

Würzig geht es in diesem Korb zu, denn die verwendeten Würzkräuter haben alle sehr aromatische Blätter. Feinfühlig werden die verschiedenen Wuchsformen und Blattfarben miteinander kombiniert. Die seitlichen Pflanzflächen beispielsweise sind für weißgrün panaschierte Kräuter wie Zitronenthymian *(Thymus × citriodorus* 'Silver King'), Küchensalbei *(Salvia officinalis* 'Tricolor') und Minze *(Mentha)* reserviert.

Stellfläche

Mit Topfpflanzen wird die Gestaltung perfekt

Balkonblumen in schlichten Übertöpfen schmücken den Balkon in sommerlichen Farben.

einladend wie ein Blumenstrauß einige bepflanzte Töpfe und bunte Windlichter aus Glas. Die Blumen werden ins Regal geräumt, wenn man den Tisch zum Essen eindeckt, und die Kerzen sorgen abends für eine lauschige Stimmung.

Mit den Töpfen und Kübeln

erhalten die Jahreszeiten ein Gesicht. Zum Saisonauftakt im **Frühling** stehen Töpfe mit Tulpen im Mittelpunkt. Oder man schmückt eine Trauerweide österlich als Blickfang. Im **Sommer** kann man mit Gehölzen, Stauden, Kübelpflanzen und Hochstämmchen die Atmosphäre beleben. Stauden und Gehölze schonen als mehrjährige Pflanzen den Geldbeutel und können im Freien überwintern. Für Kübelpflanzen und die meisten Hochstämmchen dagegen muss man einen geeigneten Platz zum Überwintern finden. Der **Herbst** kennt eine erstaunlich breite Palette an Möglichkeiten. Blühende Gräser und dichte Büsche von Chrysanthemen sorgen dafür, dass auch die warmen Herbsttage gemütlich und farbenfroh werden. Immergrüne Gehölze rücken in den **Winter**tagen in den Vordergrund. Buchsbaumkegel und -kugeln sorgen das ganze Jahr für eine grüne Kulisse.

Platz für Balkonblumen

bieten nicht nur Balkonkästen und Ampeln, auch auf dem Balkontisch und dem Fußboden ist noch so mancher Fleck leer. Und wenn es nun darum geht, auf dem Balkon für ein Gefühl von Fülle und Üppigkeit zu sorgen, dann sollte man diese Bereiche ganz gezielt mit Topfpflanzen ausschmücken. Allerdings darf nicht der Fehler gemacht werden, dass die Bewegungsfreiheit darunter leidet. An der Ecke zur Wohnzimmertür baut sich schlank ein Hochstämmchen auf. In der gegenüberliegenden Ecke dagegen steht ein kugeliger Hortensienbusch. Und auf dem Tisch warten immer

Bei der Auswahl

einer passenden Topfpflanze für den Balkon ist die lange Blütezeit eines der wichtigsten Kriterien. Dahlien (*Dahlia*-Hybriden), Mexikanische Minze (*Agastache foeniculum*) und auch als Säule

Ecken und Lücken blumig genutzt

1. **Blattvariationen**
   Die herzförmigen Blätter der Funkien schmücken sich mit weißen Rändern.

2. **Dahlienpracht**
   Die ungefüllte Dahlie blüht den ganzen Sommer hindurch.

3. **In Gelb und Weiß**
   Goldfelberich und Pfirsichblättrige Glockenblume stimmen sich auf das Farbmuster ein.

oder Hochstamm gezogene Geranien (*Pelargonium*-Hybriden) enttäuschen im Sommer nicht. Dagegen sind Wieseniris (*Iris sibirica*) und Gladiolen (*Gladiolus*-Hybriden) ein eher kurzes Sommervergnügen.

Es müssen nicht immer Blüten sein. Dekorativer Blattschmuck sorgt für üppiges Grün

Eine Tischdekoration

wirkt dadurch harmonisch, dass sie die Farbstimmung der Gesamtgestaltung aufgreift. Zu rot-weiß karierten Kissen passen zwei Exemplare des Feuersalbeis (*Salvia splendens*)

und ist zugleich sehr pflegeleicht. Funkien (*Hosta* in Arten und Sorten) und Purpurglöckchen (*Heuchera*-Hybriden) zählen zu den Favoriten. Schaut man sich bei den Geranien genauer um, so entdeckt man hier auch zahlreiche Arten und Sorten an Blattschmuckgeranien, die eine sehr auffällige Zeichnung haben. Sie unterstützen die Wirkung der Blüten eindrucksvoll mit rötlichen Bändern, weißen Aderungen oder gelben Flecken auf den Blättern.

und eine Schneeflockenblume (*Sutera diffusus*). Man kann auch die Arten aus der Kastenbepflanzung nochmals aufgreifen und so für eine optische Verbindung sorgen. Wenn im Kasten feinblättrige Studentenblumen (*Tagetes tenuifolia*) stehen, lassen sich diese nochmals als Tischschmuck wiederholen. Auf Seite 48/49 zeigen wir Ihnen stimmungsvolle Beispiele.

Stauden und Gräser

bieten sich als Lückenfüller an. Neben langer Blütezeit sollten Sie bei der Auswahl auf zahlreiche Einzelblüten achten. Katzenminze *(Nepeta × faassenii)* und Sommersalbei *(Salvia nemorosa)* hüllen sich über viele Wochen in ein blaues Blütenkleid. Wenn sie abgeblüht sind, erholen sie sich nach einem Rückschnitt ganz fix und blühen ein zweites Mal. Robust und pflegeleicht ist der Frauenmantel *(Alchemilla mollis)* im Topf, der sich in der ersten Sommerhälfte mit kleinen gelbgrünen Blütenwolken schmückt. Spornblumen *(Centranthus ruber)* werden höher und beginnen bereits im Frühsommer zu blühen. Schneidet man Welkes regelmäßig ab, bilden sich immer wieder neue Blüten. Für den schattigen Balkon kann man auf das Repertoire der Prachtspieren *(Astilbe)* zurückgreifen. Es gibt viele verschiedene Sorten, die Farbpalette reicht von Rot über Rosa bis hin zu Weiß. In der Höhe

variieren sie von 30 bis 120 Zentimetern. Zusammen mit dem Blattschmuck von Funkien *(Hosta)* entsteht so auch auf einem absonnigen Balkon eine blumige Stimmung.

Mehrjährige Gräser wie Federborstengras *(Pennisetum alopecuroides)* und Atlasschwingel *(Festuca mairei)* bauen aus ihren locker überhängenden Halme stattliche Horste auf, die den Eindruck einer ansehnlichen Pflanzendichte verstärken. Zugleich verbreiten sie duftige Leichtigkeit. Straff aufrechte Horste bildet das Chinaschilf *(Miscanthus sinensis)*. Für einen durchschnittlichen Balkon eignet sich die Sorte 'Gracillimus', die schmale, wintergrüne Blätter hat.

Mediterrane Kübelpflanzen

bilden die sommerlichen Begleiter für die Balkonbepflanzung. Bei der Auswahl sollte man immer an ein passendes Winterquartier denken. Nur wenn man darüber verfügt oder eine Gärtnerei weiß, die Exoten in der kalten Jahreszeit in Pension nimmt, sollte man sich guten Gewissens für solch einen Blickfang entscheiden. Mit wenig Platz kommt beispielsweise eine Granatapfelbaum *(Punica granatum)* aus. Oleander *(Nerium oleander)* wachsen im Laufe der Jahre in die Breite. Engelstrompeten vertragen einen kräftigen Rückschnitt zum Winter, sodass sich das Astgerüst jedes Jahr neu und mit vergleichsweise wenig Zuwachs aufbaut. Wer einen Faible für blaue Blüten hat, der sollte eine Schmucklilie *(Agapanthus africanus)* in Erwägung ziehen, denn ihre leuchtend blauen

Blüten sind ein malerischer Blickfang. Gleichzeitig reicht für diese Kübelpflanzen ein frostfreier, dunkler Standort im Winter vollkommen aus.

Kübelpflanzen wie Lorbeer *(Laurus nobilis)* und Olivenbaum *(Olea europaea)* vertragen kurze Zeit Temperaturen bis minus fünf Grad Celsius. Erst bei anhaltendem Frost bringt man sie in einen kühlen, dunklen Raum als Winterquartier.

Highlights für das ganze Jahr

1. **Farbe im Frühling** Rhododendren sorgen für üppigen Blütenrausch.

2. **Warmes Herbstbraun** Das Federborstengras ziert mit lange anhaltender Blüte.

Gehölze, die man im Kübel kultiviert, sollten langsam wachsen oder durch regelmäßigen Schnitt in Form gehalten werden. Besonders wertvoll sind immergrüne Arten, weil sie auch im Winter einen Blickfang bieten. Sehr gut eignet sich vor allem der Buchsbaum *(Buxus sempervirens)*, den es in verschiedenen Formen und Größen gibt. Kegel wirken etwas schlanker, Kugeln füllen ein totes Eckchen ansehnlich auf. Durch eine Wiederholung über die gesamte Breite eines großen Balkons kann man der Gestaltung einen Rhythmus geben. Rhododendren *(Rhododendron*-Hybriden) tragen große, immergrüne Blätter. Im Frühling schmücken sie den Balkon mit ihren ballförmigen Blütenständen. Durch Entspitzen der Triebe nach der Blüte kann man das Breiten- und Höhenwachstum deutlich zügeln. Beide Arten eignen sich gut für halbschattige Balkone.

Etwa zur gleichen Zeit wie Rhododendron blüht der Blauregen *(Wisteria sinensis)*. Diese Kletterpflanze gibt es auch als Hochstamm mit schirmförmiger Krone zu kaufen. Die duftenden, langen Blüten bilden eine bezaubernde Attraktion für den Beginn der Saison. Im Winter wird die Silhouette des Astgerüstes fix mit einer Lichterkette geschmückt, damit der Baum vor dem Wohnzimmerfenster am Abend eine gute Figur macht.

Dauerhaften Blütenschmuck

versprechen Bauernhortensien *(Hydrangea macrophylla)*. Die blauen, rosafarbenen oder weißen Hochblätter halten bis in den Herbst hinein. Wichtig ist, dass man beim Rückschnitt nur einzelne, alte Triebe auslichtet. Außerdem sollte man den Pflanzen mit Vlies einen Schutz vor Kälte geben (siehe auch Seite 115).

Als Frühlingsboten machen sich Zaubernuss *(Hamamelis mollis)* und Duftschneeball *(Viburnum fragrans)* beliebt. Mit ihren zarten Blüten an den noch kahlen Zweigen sorgen sie bereits ab Februar für Frühlingsgefühle.

Gehölze für Töpfe und Kübel

Name	Buchsbaum *(Buxus sempervirens)*	Bauernhortensie *(Hydrangea macrophylla)*	Spalierapfel *(Malus-Hybride)*	Rhododendron *(Rhododendron-Hybriden)*	Johannisbeere *(Ribes rubrum)*	Lorbeer *(Laurus nobilis)*	Blauregen, Glyzine *(Wisteria sinensis)*
Höhe	10–250 cm	60–120 cm	60–150 cm	40–150 cm	80–150 cm	40–150 cm	150–180 cm
Bemerkungen	Immergrüner Strauch. Kann durch Formschnitt zu Kegeln, Kugeln, Spindeln und Würfeln geformt werden. Sonnige bis schattige Plätze. Schnitt im April und Juli. Verträgt keine intensive Wintersonne. Auch im Winter bei frostfreiem Wetter gießen.	Doldenrispen mit auffälligen Scheinblüten in Rosa, Weiß und Blau ab Juni. Blütenstände mit Durchmesser bis zu 20 cm. Blau blühende Sorten benötigen Alaun oder Spezialdünger, damit die Farbe bleibt. Buschig verzweigter Wuchs. Leichter Winterschutz.	Apfelbaum, der durch regelmäßigen Schnitt im Frühjahr seinen schlangen Wuchs behält. Verschiedene Formen möglich. Im April schöne Blüten, im Herbst Früchte. Wichtig für die Kultur im Kübel ist eine schwach wachsende Unterlage.	Immergrüner, verzweigter Busch. Im April/Mai dichte Blütenstände aus glockenförmigen Einzelblüten. Spezielles Substrat mit niedrigem pH-Wert notwendig. Welke Blüten ausbrechen. Auch im Winter gießen. INKARHO®-Sorten sind besonders robust.	Beerenobst, das es als Hochstämmchen gibt. Verschiedene Sorten mit weißen und roten Früchten im Juli. Schwarze Johannisbeeren sind problematisch. Für sonnige bis halbschattige Plätze. Im Frühjahr die Krone in Form schneiden.	Mediterranes Gehölz, das nicht ganz winterhart ist. Immergrün. Ledrig, glänzende Blätter, die man auch als Gewürz verwenden kann. Schnittverträglich. Zum Winterschutz dicht ans Haus rücken und bei starkem Frost mit Vlies und Strohmatten einwickeln.	Schlingpflanze, die für den Balkon als Hochstamm oder Schirmbaum geeignet ist. Weiße oder lilablaue duftende Blütentrauben im Mai. Für warme, sonnige Plätze. Regelmäßiger Rückschnitt hält die Pflanzen in Form.

Bäumchen mit Blütenkugel

Hochstämmchen bieten sich als idealer Blickfang auch für kleine Flächen auf Balkon und Terrasse an. Dank des hohen Stammes baut sich die Krone etwa in Höhe der Brüstung auf und reiht sich nahtlos neben den Balkonkästen ein. So entsteht ein eleganter Übergang von der Brüstung zum Sitzplatz.

Kugelbäumchen zählen zu den fixen Lösungen für den Balkon, weil man sie fertig beim Blumenhändler kaufen kann. Sie haben ihre endgültige Höhe und Größe erreicht, und die Triebe sind voller Knospen und Blüten. Fehlt nur ein passendes Übergefäß, und schon ist der neue Blickfang auf dem Balkon perfekt. In der Regel verwendet man Hochstämmchen, um die Ecken am Balkongeländer zusätzlich zu schmücken. In diesem Fall ist es wichtig, dass sich die runde Krone ungefähr in Höhe des Geländers beziehungsweise der Brüstung befindet. Liegt die Krone unterhalb dieses Punktes, so wirkt die Gestaltung nicht nur unharmonisch, sondern die rückwärtige Pflanzenseite leidet auf Dauer auch unter der schlechten Lichtsituation. Für schnelle Abhilfe sorgen Holzklötzchen, auf die man das Gefäß stellt.

Dieses Strauchmargeriten-Hochstämmchen spiegelt mit seiner gelben Blütenmitte das gleichfarbige Balkongeländer wider.

Farblich sollte die Wahl des Hochstämmchens mit der Bepflanzung der Balkonkästen und den Möbeln in Einklang gebracht werden. Neben einem weißen Balkonkasten schmückt eine Strauchmargerite *(Argyranthemum frutescens)* ebenso wie ein kleines Ligusterhochstämmchen *(Ligustrum*-Arten) mit sattgrünem Laub. Farbenfroh zu gelben oder orangeroten Einrichtungen passt ein Wandelröschen *(Lantana*-Camara-Hybride), während ein Kartoffelstrauch *(Lycianthes rantonnetii)* eine blaue Farbgebung unterstützt.

Auf kleinen Balkonen erweisen sich Hochstämmchen als besonders wertvoll. Zum einen füllen sie den Balkon mit Blüten und sind durch den Stamm dennoch Platz sparend. Zum anderen zaubern sie ganz fix eine lauschige Atmosphäre rund um den Sitzplatz. Hat man beispielsweise nur Raum für einen Stuhl und ein kleines Tischchen, kann man mit Hilfe von zwei oder drei verschiedenen Hochstämmchen, die man um die Möbelgruppe stellt, geschickt für Gemütlichkeit sorgen. Auch bei der räumlichen Unterteilung helfen die hohen Stämmchen, denn nebeneinander gestellt, entsteht eine Art Raumteiler. Hinter einer Reihe Hochstammrosen *(Rosa*-Hybriden) lässt sich ein Deck-Chair verstecken, auf dem man ungestört lesen kann.

bens). Bei Bepflanzung der »Füße« brauchen die Töpfe etwas mehr Dünger, allerdings kaum mehr Wasser, denn die Bepflanzung verringert den Wasserverlust durch Verdunstung. Die Pflanzen am Fuß sollten nur flach wurzeln, um nicht mit dem Stämmchen zu konkurrieren.

Um den Platz

optimal zu nutzen, dann darf man nicht vergessen, dass auf dem Topf rund um den Stamm auch noch Platz für zusätzliche Blüten zu finden ist. Am besten pflanzt man das Hochstämmchen in einen Topf, der etwas größer ist. So verbessert man nicht nur die Standfestigkeit, sondern bekommt zusätzliche Pflanzfläche. Flache Polster wie Männertreu (*Lobelia erinus*), Duftsteinrich (*Lobularia maritima*) und Blaues Gänseblümchen (*Brachyscome iberidifolia*) breiten sich auf der Erde rasch aus und passen gut in eine Gestaltung mit Blautönen. Auf der Suche nach rosa blühenden Begleitern für Hochstämmchen kommen Spanisches Gänseblümchen (*Erigeron karwinskianus*) und rosa Schneeflockenblume (*Sutera diffusus*) in Frage. Zu gelben Strauchmargeriten (*Argyranthemum frutescens*) passen Nachtkerzen (*Oenothera*-Hybride 'African Sun') und Husarenknöpfchen (*Sanvitalia procum-*

Stammbildner schmücken Platz sparend

1. **Rosenbäumchen**
   Den Wunsch nach Rosenblüten erfüllt ein Hochstämmchen.

2. **Duett mit Kontrast**
   Orangefarbenes Wandelröschen neben einem Kartoffelstrauch.

3. **Geranienpracht mit Stamm**
   Blütenreich schmückt das Hochstämmchen der Geranie.

Bei der Pflege

von Hochstämmchen muss man hin und wieder zur Schere greifen, damit die Kugeln auch auf Dauer in Form bleiben. Am besten erledigt man diese Arbeiten regelmäßig mit dem Ausputzen der Blüten. Achten Sie darauf, dass die Triebe nicht in die Länge schießen. Dazu knipst man die Spitzen immer wieder aus oder schneidet sie mit einer spitzen Schere aus. So bilden sich neue Verzweigungen und die Krone nimmt gleichmäßig an Umfang zu. Besonders feinfühlig muss man bei Kartoffelstrauch (*Lycianthes rantonnetii*) und Rosen (*Rosa*-Hybride) sein. Die meisten Hochstämmchen kann man in einem kühlen Raum überwintern. Im Frühjahr wird die Krone ausgelichtet und verjüngt, also ältere, blühfaule Triebe am Ansatz entfernt.

▼ Klassiker

Drei gute Bekannte treffen sich: Die rote aufrechte Geranie *(Pelargonium-Zonale-Hybride)* baut ihre Blütenbälle hinter der flachen Strauchmargerite *(Argyranthemum frutescens)* und dem zierlichen Wandelröschen *(Lantana-Camara-Hybride)* auf. Durch die Höhenstaffelung bekommt das Trio einen guten Zusammenhalt.

◄ Mit Pepp

Die rotgelben Blüten der Kokardenblume *(Gaillardia*-Hybride 'Kobold')* geben den Ton an. Gelbe Strauchmargerite *(Argyranthemum frutescens)* und orangerotes Zauberglöckchen *(Petunia*-Calibrachoa-Hybride)* ordnen sich dem Farbenmix unter, während der Zierpfeffer *(Capsicum annuum)* die Stimmung temperamentvoll anheizt.

Kleine Blickfänge und Lückenfüller

Mit Hilfe von hübschen Gefäßen und sorgfältig aufeinander abgestimmten Blütenfarben entstehen fix kleine feine Gruppen auf Tischen und Regalen. Die Pflanzen werden einzeln in Schmucktöpfe gestellt, sodass man sie immer wieder neu gruppieren und so drehen kann, dass sie stets viele geöffnete Blüten zeigen. Mit wenig Mühe bekommt das Freiluft-Wohnzimmer mit diesen Eyecatchern ein gemütliches Ambiente, in dem sich Familie und Freunde auf Anhieb rundum wohl fühlen.

► Ganz leicht

Das Blaue Gänseblumchen *(Brachyscome iberidiflora)* mit seiner dunklen Blütenmitte und das Fleißige Lieschen *(Impatiens*-Neuguinea-Hybride)* in zartem Rosa werden von dem duftig wirkenden Schmuckkörbchen *(Cosmos bipinnatus)* umspielt. Die großen Blüten scheinen auf den filigranen Stängeln fast zu schweben.

▲ Im Duett

Das Hochstämmchen der Strauchmargerite *(Argyranthemum frutescens)* und die Hängeverbene *(Verbena*-Hybride)* passen von der Höhe her gut zusammen, da sich die Verbene genau in Stammhöhe ausbreitet. Mit dieser Gruppe kann man einen schmucken Empfang gestalten oder auch eine raumteilende Wirkung erzielen.

◄ Romantisch

Nelken (*Dianthus*) haben ihren altmodischen Touch abgelegt. Mittlerweile zählen die nostalgischen Blumen zu den Favoriten für eine verspielte Stimmung. Auf dem schmalen Tisch gesellen sich verschiedene Arten wie Federnelken (*D. plumarius*), Kaisernelken (*D. chinensis*) und Prachtnelken (*D. superbus*) zusammen. Die hellblauen Gefäße verknüpfen dezent und elegant die Einzelgefäße.

▼ Nordisch

Sehr fröhlich wirkt die Kombination von Gelb und Lilablau. Der kräftige Kontrast erinnert an die schwedische Flagge und verbreitet einen Hauch von Ferienstimmung. Diese wird auch durch den Lavendelduft (*Lavandula angustifolia*) unterstützt. Links daneben steht ein Blaues Gänseblümchen (*Brachyscome iberidifolia*). Sonniges Gelb bringen die Ringelblume (*Calendula officinalis*) und der Hahnenkamm (*Celosia*) ins Spiel.

▲ Sonnig

Die verschieden hohen Gefäße machen es möglich, die Pflanzen geschickt hintereinander zu staffeln. Zudem unterstützen sie das gelbe Farbmotto. In der hinteren Reihe blühen rechts Pantoffelblumen (*Calceolaria*-Hybride) und links Kapuzinerkresse mit einem orangeroten Auge (*Tropaeolum majus*). Im Vordergrund stehen zwei Hahnenkämme (*Celosia argentea*) in unterschiedlich kräftigen Gelbtönen.

► Metallisch

Verschieden blaue Sorten des Elfenspiegels (*Nemesia*-Hybriden) bauen sich vor dem Balkongeländer auf. Eine Blumentreppe sorgt dafür, dass sich die Pflanzen nicht gegenseitig verdecken. Die Szenerie wird durch ein blau gemustertes Tuch und graublaue Tonzapfen verfeinert. Und bei aller Bewunderung sollte man nicht vergessen, an diesen Balkonblumen einmal zu schnuppern, denn sie haben einen sehr feinen Duft.

Stellfläche · Fix! – Planen & Gestalten · 49

fix!

Kombinieren
&
Dekorieren

Richten Sie sich das Zimmer unter freiem Himmel so ein, dass es eine kleine Alltagsoase wird, in der Sie entspannt die Freizeit genießen können.

Farbpalette

Die verschiedenen Elemente bekommen Zusammenhalt

Tischdecke, Windlicht, Blütenfarben und einzelne Übertöpfe unterstreichen die rosarote Atmosphäre auf diesem Balkon.

Die Einrichtung des Balkons

ist ein Zusammenspiel aus verschiedenen Elementen. Nicht nur die Bepflanzung wird von den Farben und Formen her aufeinander abgestimmt, sondern auch Möbel, Bodenbelag, Sichtschutz, Wandanstrich und Sonnenschutz sollten insgesamt miteinander harmonieren. Hinsichtlich der Farben ist es sinnvoll, wenn der Balkon an sich neutral gehalten ist. Weiß, Beige oder Hellgrau sind Farben, die man leicht mit der gesamten Farbpalette in Einklang bringen kann. So legt man sich nicht fest. Im ersten Sommer stimmt man sich auf Pastelltöne ein, ein Jahr später erstrahlt alles in Goldgelb. Auch die meisten Möbel sollten in eher neutralen Farben gehalten sein. Bei farbigen Stühlen und Etageren muss man sich entweder ganz sicher sein, dass die Farbe auf Dauer gefällt, oder es sollte die Möglichkeit bestehen, dass man durch einen Anstrich das Outfit verändert, wenn einem danach zumute ist.

Farben übernehmen

bei einer Gestaltung gerne die Funktion des Mottos. Blüten und Blätter versucht man in einen harmonischen Einklang zu bringen. Die Gefäße, Rankspaliere und Accessoires spielen mit ähnlichen Farben, und auch die Tischwäsche fügt sich in die Stimmung ein. So wirkt der Balkon perfekt durchgestylt. Doch bevor man sich für eine Farbstimmung entscheidet, sollte man genau prüfen, in welcher Umgebung man sich besonders wohl fühlt. Schließlich hat jede Farbe ihre Wirkung. Diese beruht vor allem auf der Temperatur, die ein Farbton verbreitet. So verbindet man Gelb und Orange mit Wärme. Blau dagegen ist eine typisch kalte Farbe. Rot wirkt zugleich sehr präsent und engt einen Raum ein, während zarte Pastelltöne das Gefühl von Weite geben. Je nachdem, wie groß ein Balkon und wie die Lichtsituation ist, kann sich eine persönliche Vorliebe für einen Farbton sich nachteilig auf die Atmosphäre auswirken. Die Wirkungen von Farben werden auf Seite 55 erläutert.

Wenn es darum geht, mit Farben zu gestalten, ist die Farbenlehre sehr hilfreich. Die Einrichtung eines Balkons wirkt überzeugend, wenn sie eine Einheit bildet und sich nicht als kunterbunter, planloser Mix präsentiert. In der Farbenlehre werden alle Farbtöne auf einem Kreis angeordnet. Die reinen, ungemischten Farben liegen dabei wie die Eckpunkte eines Dreiecks zueinander. Diese so genannten **Primärfarben** sind Rot, Gelb und Blau. Dazwischen liegen die Mischungen aus jeweils zwei Primärfarben, nämlich Orange, Grün und Lila. Man spricht auch von den **Sekundärfarben.** Schwarz und Weiß sind streng genommen nicht im Farbkreis enthalten. Die Farbenlehre hilft bei der harmonischen Kombination verschiedener Töne. Weiß sollte in die Überlegungen des Balkongärtners mit einbezogen werden, weil es viele weiß blühende Pflanzen gibt und weil Weiß bei den Pastelltönen eine große Rolle spielt.

Die Blüten der Hortensien, Kaktusdahlien und Schmuckkörbchen verbreiten eine erfrischende Eleganz im Halbschatten.

Der Balkonkasten in Gelb und Rot verbreitet gute Laune auf dem Balkon.

Wer noch wenig Erfahrung hat, wird eine Gestaltung mit **nur einer Farbe** als einfach empfinden. Eigentlich ist dies eher etwas für Fortgeschrittene. Erst wenn die Blüten nebeneinander stehen, merkt man, wie unterschiedlich die einzelnen Töne sein können. Außerdem verschwimmt ein einfarbiges Bild schnell, sodass man sehr darauf achten sollte, durch verschiedene Formen für Abwechslung zu sorgen. Dies gelingt etwa durch die Kombination unterschiedlicher Größen der Einzelblüten und Formen des Blütenstandes. Man kann aber auch durch verschiedene Oberflächen bei den Materialien Spannung erzeugen, etwa durch glänzende, stumpfe und gazeartige Stoffe.

Bunt und lebendig wird der Balkon mit mehreren Farben. Die so genannten **Farbdreiklänge** ergänzen sich harmonisch. Sie liegen auf einem Dreieck im Farbkreis, wie zum Beispiel Violett, Orange und Grün. Man kann auch gut **zwei Farben mit Weiß** kombinieren. Für eine bunte Gestaltung sollte der Balkon nicht zu klein sein, denn die Farbigkeit bringt auch Unruhe und Fülle ins Spiel.

Rosa und Lila beleben mit Blüten und Wasserkugeln den in Weiß gehaltenen Balkon.

Zwei Farbtöne können

einen Kontrast zueinander bilden. In der Farbenlehre kennt man zum einen den **Komplementärkontrast** und zum anderen den Hell-Dunkel-Kontrast. Beim Erstgenannten werden zwei Farben kombiniert, die sich zu Schwarz ergänzen. Lila, als Produkt aus Blau und Rot, zusammen mit Gelb ergibt Schwarz – ein Beispiel für das Zusammenspiel einer Sekundär- mit einer Primärfarbe. Auch Orange und Blau sowie Grün und Rot sind Komplementärkontraste.

Hell-Dunkel-Kontraste entstehen dagegen durch die Beimischung von Weiß. Rot und Rosa, Mauve und Lila oder Lachs und Orange kann man getrost miteinander kombinieren. Die Farben sind ähnlich, und doch sorgt man mit Hilfe der verschiedenen Farbintensitäten für Abwechslung. In der Dekoration entsteht durch diesen Kontrast eine Wirkung, die die optische Tiefe unterstreicht.

Bei einem Kontrast ist es immer wichtig, dass man die Farben im Wechsel anordnet, sonst entsteht eine Polarisierung, die nur schwer auszugleichen ist. In der Dekoration kann man mit Hilfe von Stoffmustern, die die Farbkonstellation aufnehmen, versuchen, Unausgewogenheiten abzumildern. Eine Gestaltung in Orange und Blau, bei der die blauen Blüten von Männertreu *(Lobelia erinus)* und Mehlsalbei *(Salvia farinacea)* im Vergleich zu den orangefarbenen von Ringelblumen *(Calendula officinalis)* und Zinnien *(Zinnia elegans)* zierlich und zurückhaltend wirken, lässt sich durch eine blaue Tischdecke mit kleinen orangefarbenen Tupfen unterstreichen. Oder man hängt blaue Lampions auf und beklebt sie mit vielen orangefarbenen Tupfen. So wird nicht nur der Anteil blauer Farbe verstärkt, sondern auch das Motto der Gestaltung nochmals aufgegriffen.

Ton-in-Ton-Gestaltungen

ähneln einer einfarbigen Gestaltung. Sie sind aber für den Anfänger viel leichter nachzuahmen, denn man muss die Farben nicht ganz so feinfühlig aufeinander abstimmen. Die Farben einer Ton-in-Ton-Gestaltung liegen auf dem Farbkreis quasi nebeneinander. So lassen sich Pflanzen mit Blüten von Gelb über Orange bis hin zu Rot gut miteinander kombinieren. Diese Buntheit kann dadurch unterstrichen werden, dass man Kerzen in ähnlichen Farben auf den Tisch stellt oder auf einem Regalbrett grüne Kräuter mit Übertöpfen in diesem Farbmix platziert. Man kann auch jedem Stuhl ein Kissen in einem etwas anderen Farbton zuordnen. So werden die Accessoires ganz geschickt zu Botschaftern des jeweils gewählten Farbmottos.

Mehlsalbei und Hängeverbenen in reinem Weiß werden durch die roten Geranien und Zauberglöckchen aufgelockert.

Die Farben und ihre Wirkungen

Farbe	Wirkung	Beispielpflanzen
Weiß	Schnee und Eis sind weiß, und so verbindet man mit dieser Farbe immer auch etwas Kühles, im Extremfall Kälte. Zugleich bringt Weiß mit seiner Helligkeit auch jede Menge Freundlichkeit ins Spiel. Es verbindet sich mit jeder anderen Farbe und lockert sie wohltuend auf. Dort, wo es an Licht fehlt, kann man mit weißer Farbe einen Ausgleich schaffen. Weiß ist die Farbe der Reinheit. Sie vermittelt einen Hauch von Luxus und Eleganz.	Strauchmargerite (*Argyranthemum frutescens*) Knollenbegonien (*Begonia*-Knollenbegonien-Hybriden) Schmuckkörbchen (*Cosmos bipinnatus*) Dahlien (*Dahlia*-Hybriden) Edellieschen (*Impatiens*-Neuguinea-Hybriden) Aufrechte und hängende Geranien (*Pelargonium*-Hybriden) Schneeflockenblume (*Sutera diffusus*)
Gelb	Man bezeichnet diese Farbe auch als Symbol des Reichtums und des Glücks, schließlich ist Gold glänzend gelb. An trüben Tagen kann man mit gelber Farbe Sonnenstrahlen vorgaukeln. Das ist für den zeitigen Frühling und den Herbst von Bedeutung. Von gelben Flächen und Blüten geht angenehme Wärme aus, die zusammen mit weißen Tönen etwas Erfrischendes hat, mit Orange dagegen richtig hitzig werden kann.	Dukatenblume (*Asteriscus maritimus*) Goldzweizahn (*Bidens ferulifolia*) Mittagsgold (*Gazania*-Hybriden) Sonnenblume (*Helianthus annuus*) Nachtkerze (*Oenothera*-Hybriden 'African Sun') Husarenknöpfchen (*Sanvitalia procumbens*) Gelbes Gänseblümchen (*Thymophylla tenuiloba*)
Orange	Die Mischung aus Gelb und Rot spielt mit dem Feuer. Diese sehr temperamentvolle Farbe repräsentiert einen warmen, südlichen Sommer perfekt. Doch zugleich nutzt sie sich rasch ab, denn Orange spielt sich immer wieder in den Vordergrund. Daher sollte man die Farbe immer nur als peppige Ergänzung zu sanften Creme- oder dunklen Blautönen verwenden oder mit Weiß und Apricot mischen.	Ringelblume (*Calendula officinalis*) Fuchsien (*Fuchsia*-Hybriden) Kapmargerite (*Osteospermum ecklonis*) Studentenblume (*Tagetes*-Hybriden) Mexikanische Sonnenblume (*Tithonia rotundifolia*) Kapuzinerkresse (*Tropaeolum*-Hybriden) Schmalblättrige Zinnie (*Zinnia angustifolia*)
Rot	Die Farbe der Liebe ist auch die Farbe der Glut. Feurig und heiß, weiß sich Rot zu behaupten. Je weniger Platz vorhanden ist, desto vorsichtiger sollte man mit dem reinen Ton umgehen, denn ein Balkon mit einer roten Bepflanzung der Kästen am Geländer wirkt eindimensional und fad. Weiße oder gelbe Tupfer müssen dazwischen gesetzt werden, um das rote Blütenmeer aufzulockern und dem Balkon optische Tiefe zu verleihen.	Maskenblume (*Alonsoa meridionalis*) Fuchsien (*Fuchsia*-Hybriden) Ziertabak (*Nicotiana* × *sanderae*) Aufrechte und hängende Geranien (*Pelargonium*-Hybriden) Feuersalbei (*Salvia splendens*) Eisenkraut (*Verbena*-Hybriden) Zinnie (*Zinnia elegans*)
Rosa	Romantik und Weiblichkeit gehen mit dem zarten Rosa einher. Aufgrund des hohen Weißanteils wirkt der Farbton eher kühl, ohne seine liebliche Note zu verlieren. Auf kleinen Balkonen bringt der Pastellton Großzügigkeit. Pinktöne sind kräftiger und temperamentvoller. Sie bringen jugendlichen Schwung in die Gestaltungen. Ein perfekter Partner ist kräftiges Lila, etwas gewagt und modern dagegen wirkt die Mischung mit Orange und Rot.	Elfensporn (*Diascia*-Hybriden) Fuchsien (*Fuchsia*-Hybriden) Fleißige Lieschen (*Impatiens*-Walleriana-Hybriden) Elfenspiegel (*Nemesia*-Hybriden) Aufrechte und hängende Geranien (*Pelargonium*-Hybriden) Zauberglöckchen (*Petunia*-Calibrachoa-Hybriden) Hängepetunie (*Petunia*-Surfinia-Hybriden)
Lila und Blau	Reines Blau zählt zu den kalten Farben. Je höher der Rotanteil, desto wärmer wird das Gefühl für diese Farbe. Lilablau empfindet man als sehr konkret, daher eignet es sich nicht als Solist für kleine Balkone. Zudem ist die Farbe recht dunkel. Auf kleinen Balkonen verbindet man Lila und Blau immer mit einer hellen Note. Das kann im Fall von reinem Blau Weiß oder Gelb sein, bei Lila bringen Rosatöne eine frische Note ins Spiel.	Blaue Mauritius (*Convolvulus sabatius*) Kapaster (*Felicia amelloides*) Vanilleblume (*Heliotropium arborescens*) Petunie (*Petunia*-Hybriden) Mehlsalbei (*Salvia farinacea*) Fächerblume (*Scaevola saligna*) Eisenkraut (*Verbena*-Hybriden)

Stilelemente

So geben Sie Ihrem Balkon eine persönliche Note

Neben der romantischen Frauenbüste entfalten sich Lavendel und Leberbalsam in eleganten Übertöpfen.

Farbstimmungen sagen nichts über den Stil eines Balkons aus. Dieser wird durch die Formen, Materialien, die Accessoires und Pflanzen geprägt. Aber auch die Palette der verwendeten Töne steht in Zusammenhang mit der Grundstimmung. Eine nostalgische Dekoration beispielsweise lebt von zartem Rosa und Fliederblau, während der Retro-Look meist auf

Orange, Braun und Olivgrün zurückgreift. Wenn es um den Stil geht, verfeinert man die Einrichtung und legt sich im Grunde auch für mehrere Jahre fest. Hat man einmal die stark geschnörkelten Eisenstühle und die Blumenbank aus verzinktem Drahtgeflecht gekauft, variieren die Farbstimmungen, nicht aber der Stil. Er bleibt verspielt, romantisch. Diese Punkte sollte man bei kostenintensiven Anschaffungen

immer berücksichtigen. Wählt man neutrale Möbel, zum Beispiel schlichte Klappstühle und einen Tisch aus wetterfestem Teakholz, so hält man den Stil ebenfalls neutral. Erst durch Tischdecken, Gefäße und Pflanzen entsteht das Motto. In einem Jahr gibt man dem eine ländliche Note, im folgenden gestaltet man ihn mediterran.

Es sind schon einige Schlagworte für Stilrichtungen gefallen. Auch wer sich noch wenig mit diesem Thema auseinander gesetzt hat, soll nicht zu kurz kommen. Daher hier nun einige Beispiele für die fixe Inszenierung stimmiger Stilrichtungen.

● **Ländliche Balkone** leben von der Country-Idylle. Zu schlichten Holzmöbeln passen Weidenkörbe, die als Übertopf für Kübelpflanzen dienen. Man träumt von üppiger Blütenpracht. Da dürfen Dahlien (*Dahlia*-Hybriden), Zinnien (*Zinnia elegans*) und Ringelblumen (*Calendula officinalis*) nicht fehlen. Und wer auch ein paar Nutzpflanzen wie im Bauerngarten haben möchte, der setzt in die Kästen Mangold mit bunten Stielen und Borretsch (*Borago officinalis*). Mit ein paar Eisenhühnern als Deko und Karodecken wird das Landleben perfekt inszeniert.

So bekommt jeder Stil seinen Pfiff

1. Schnörkel aus Draht
Das Wandregal aus Wirework bietet Frühlingsblühern Platz.

2. Romantik mit Blau
Nostalgische Nelken erleben eine Renaissance.

3. Ein ländliches Karo
Die rot karierte Tischdecke unterstreicht den Country-Stil.

• **Romantik und Nostalgie** sind zwei Richtungen, die sich stark ähneln. Sie leben von zarten Pastelltönen und unzähligen kleinen Blüten, die vorzugsweise duften. Blumenmöbel aus Wirework, einer speziellen Drahtflechttechnik, gehören zu diesem Stil ebenso wie gusseiserne Möbel. Zahlreiche Anregungen für diese Stilrichtung finden Sie auf Seite 70 f.

• Der **klassische Stil** strahlt Ruhe und Gediegenheit aus. Farblich sollte der Balkon sehr zurückhaltend dekoriert werden. So kann man beispielsweise zum grünen Grundton der Blätter von Funkien (*Hosta*-Hybriden), Efeu (*Hedera helix*) und Buchsbaumfiguren (*Buxus sempervirens*) einige weiße und cremefarbene Blüten ergänzen. Schmuckkörbchen (*Cosmos bipinnatus*), Rosen (*Rosa*-Hybriden) und Ziertabak (*Nicotiana × sanderae*) fügen sich dezent ein. Die ruhige Stimmung wird unterstützt durch einen dunkelgrünen Sonnenschirm. Als Blickfang kann man an eine

der Wände einen kleinen Bistrotisch mit griechisch anmutendem Torso stellen, um den klassischen Charakter dezent zu unterstreichen.

• Sie lieben es **asiatisch**? Als Sichtschutz und Wandverkleidung kann man mit Reispapierwänden einen Grundstock für diesen Stil legen. Natürlich darf auch das Rascheln eines Bambus wie *Fargesia nitida* nicht fehlen. In einem großen Kübel wird dieses

Gras gepflanzt, damit es sich an den Ecken des Balkons aufbauen kann. Schlichte Bretter dienen als Regal für selbst gezogene Bonsaibäume. Ist der Balkon vollkommen überdacht, kann man statt der üblichen Balkonbestuhlung einen Futon und große Kissen auslegen. Im Halbschatten setzt man niedrige Prachtspieren (*Astilbe*-Hybriden) in die Kästen am Geländer, denn auch sie haben ihren Ursprung in Asien.

• **Modern und jung** wird es, wenn die 60er und 70er Jahre aufleben. Die Möbel für den **Retro-Balkon** findet man meist in Kellern, auf Speichern oder Flohmärkten. Ein Nierentischchen, ein Panton-Chair aus Kunststoff und Blumen, die an Prilblumen erinnern, beleben den Stil. Gelber Hahnenkamm (*Celosia argentea*), Anemonenblütige Dahlien (*Dahlia*-Hybriden) und ein paar opulente Hängepetunien (*Petunia*-Surfinia-Hybride), die in Makramee-Töpfen hängen, sind für diesen Stil ganz up to date.

Tolle Töpfe & Kästen

Das Beiwerk auf dem Balkon sollte nicht nur nach funktionalen Aspekten ausgewählt werden, denn es wirkt unversehens als Farbverstärker und stilprägendes Element in der jeweiligen Dekoration. So wird das Motto verdeutlicht und manche blütenarme Zeit geschickt überbrückt.

kannen und Rankspaliere, kann man auf das Farbkonzept abstimmen. Mit etwas Farbe gehen die Stücke sogar mit der Mode mit und verändern sich mit dem Geschmack. Schlichte Tontöpfe kann man mit Dispersionsfarbe streichen. Mit dicken Pinseln oder Schwämmen und leichten Farbschattierungen lassen sich die Töpfe ganz individuell gestalten.

Das Farbenduo aus orangen Tagetes sowie Schwarzäugiger Susanne und blauem Männertreu spiegelt sich in den Gefäßen wider.

ren Trick, damit die Gestaltung gleich vom ersten Augenblick an gut zur Geltung kommt. Die Gefäße, in die man die Blumen pflanzt, spielen hier eine große Rolle. Farbige Modelle und gezielt ausgewählte Materialien geben den heranwachsenden Pflanzen eine perfekte Bühne.

Kästen und Töpfe, die sich in das Farbkonzept der Blütenfarben einstimmen, wirken in den ersten Wochen als wohltuende **Farbverstärker.** Sie wirken wie eine Unterstreichung für die noch spärlichen Blüten. Später legen sich die Triebe der überhängenden Pflanzen über die Ränder und verdecken so einen Teil der Farbe. Auch die Accessoires, wie Gieß-

Und wer sich auf ein Muster festlegt, kann auch dieses durch die Töpfe verstärken. Hat man einen klassischen Stil mit weiß gerandeten Funkien (*Hosta*-Hybriden) inszeniert, streicht man die Töpfe mit grünen und weißen Streifen. Dieses Muster wirkt wie ein Ausrufezeichen, das auf die Schönheit der herzförmigen Blätter hinweist. Auch mit der Serviettentechnik kann man bestimmte Themen auf Kannen und Gefäßen leicht unterstreichen. Mit Oliven wird der mediterrane Stil in Szene gesetzt, die Motive von geschnittenen Immergrünen passen zum klassischen Stil.

Bunte Kannen unterstreichen das Farbkonzept der Bepflanzung.

Es ist ja kein Geheimnis, dass Balkonblumen ein bisschen Zeit brauchen zum Wachsen. Das heißt, wenn es fix gehen soll, benötigt man den einen oder ande-

Zink als leichtes und zugleich preisgünstiges Material passt mit seiner grauen Oberfläche zu romantischen wie modernen Gestaltungen. Klassische Formen wie Eimer oder Wannen harmonieren auch mit einem rustikalen ländlichen Stil.

Funktional und stilprägend

1. **Blüten-Power**
   Die lockeren, duftigen Blüten des Elfenspiegels erhalten durch den roten Blechkasten eine intensivere Leuchtkraft und eine gute Fernwirkung.

2. **Moderne Note**
   Das Grau der Zinkgefäße gibt den goldgelben Blüten eine kühle Note. Aber auch das Material an sich verschafft Balkonklassikern modischen Chic.

3. **Nelken in Körben**
   Die Nelken sind Pflanzen aus dem Bauerngarten, und so passt zu ihnen ein Übergefäß aus naturbelassenem Weidengeflecht.

4. **Sachliche Eleganz**
   Schlichte Blumentöpfe mildern die Schnörkel des Geländers und verhindern, dass sich zu viel Nostalgie breit macht.

Das Material der Gefäße

spielt eine bedeutende Rolle. So dürfen auf dem mediterranen Balkon einige **Terrakotta-Gefäße** mit den typischen reliefartigen Ornamenten nicht fehlen. Das ländliche Ambiente wird durch **Weidenkörbe** unterstrichen, denn dieses Flechtwerk wirkt rustikal und sehr natürlich. Man kann die Körbe auch als Sammelbehälter für Kissen, Tischdecken und Wollplaids verwenden. **Metalltöpfe** kommen immer mehr in Mode.

Mit der Schönheit von hochwertigen Materialien können die meisten praktischen **Kunststoffkästen,** -ampeln und -töpfe nicht mithalten. Hängen die Kästen nach außen am Geländer, stört dies nicht. Anderenfalls achtet man darauf, dass überhängende Balkonblumen die Gefäße rasch überwachsen. Einzelne Töpfe kann man mit Hilfe eines Übertopfes verschönern.

Pflanzen als Stimmungsmacher

Balkonblumen prägen mit ihrer Wuchsform ebenso wie mit Blüten und Blättern die Atmosphäre. Duftige Büsche schaffen ein Gefühl von Großzügigkeit, während exotisch anmutende Schönheiten einen angenehmen Hauch von tropischer Extravaganz zwischen Korbsesseln verbreiten.

Lieblich und robust wirkt diese Mischung aus Strauchmargeriten, gelben Pantoffelblumen und roter Kapuzinerkresse.

Wenn man eine Pflanze beziehungsweise eine Kombination von Pflanzen betrachtet, dann assoziiert man damit meist einen Stil oder eine Stimmung. Einen Lavendel (*Lavandula angustifolia*) beispielsweise verknüpft man automatisch mit einer mediterranen Gestaltung. Kapuzinerkresse (*Tropaeolum majus*) bringt eine rustikale Note ins Spiel, denn man ver-bindet die Kissen aus orangeroten Blüten mit Bauerngärten. Meist fühlt man intuitiv, welche Pflanze zu welchem Stil passt. Man würde keine Palme auf einen Balkon mit nordischem Flair platzieren. Aber auch bei den Klassikern des Sortiments ist es wichtig, sich Gedanken zu machen, etwa ob gelbe Pantoffelblumen (*Calceolaria*-Hybriden) nicht zu niedlich in der klassischen Atmosphäre wirken. Stattdessen bringt bei ähnlicher Farbe eine Kapmargerite (*Osteospermum ecklonis*) eine ganze Portion Eleganz und Charme mit in die Gestaltung.

Viele Sommer- blumen wirken nicht nur durch die Farbe und die Einzelblüte, sondern auch durch ihren gesamten Blütenstand. Die lockeren Dolden des Eisenkrauts (*Verbena*-Hybride) sitzen wie Bälle an den Triebenden, ähnlich wie die runden Blütenstände der aufrechten Geranien (*Pelargonium*-Zonale-Hybriden) wie Paukenschläger auf den kräftigen Stielen sitzen. Aufrechte Rispen wie die des Feuersalbeis (*Salvia splendens*) verbreiten eine abwehrende Stimmung. Die hängenden Geranien (*Pelargonium*-Peltatum-Hybriden) dagegen wirken duftig und locker. So werden Stimmungen auf dem Balkon geprägt. Dichte Farbkleckse durch kompakte Blütenstände wirken klar, duftige Blütenwolken hingegen verträumt.

Grundsätzlich wird man eine ausgewogene Mischung anstreben. Wichtig ist, dass man die Typen so platziert, dass der Wechsel eine Wohltat ist und nicht die eine Seite der Bepflanzung leicht und schwebend wirkt, während die gegenüberliegende Seite so schwer erscheint, dass sie alles »nach unten« zieht.

▼ Romantisch

Fliederfarbene Hängeverbenen (*Verbena*-Hybriden) wechseln sich mit den kompakt wirkenden Polstern des hellblauen Männertreus (*Lobelia erinus*) ab. Durch weiße Geranien (*Pelargonium*-Hybride) bekommt das blaue Duo mehr Helligkeit und zugleich die Leichtigkeit, die für einen Sommernachtstraum wichtig ist.

◄ Modern

Ungewöhnliche Pflanzen und Farben treffen aufeinander. Die weißen Kapastern (*Osteospermum ecklonis*) wechseln sich mit lilafarbenen Schwestern ab. Die Ranken des Gundermanns (*Glechoma*) bilden einen Gegenpol nach unten. Davor setzt das kirschrote Zauberglöckchen (*Petunia*-Calibrachoa-Hybride) einen poppigen Akzent.

Stil prägend

Hier zeigen wir Ihnen einige Beispiele für Kastenbepflanzungen, die so zusammengestellt sind, dass sie jeweils einen Stil repräsentieren. Die Kombinationen zeigen sich abwechslungsreich und verdeutlichen nochmals, wie wichtig der symmetrische Aufbau einer Pflanzung für die spätere Wirkung ist. Dabei wird auch die Wuchsform in der Platzierung berücksichtigt, indem überhängende Balkonschönheiten im vorderen Bereich gepflanzt werden, die aufrecht wachsenden die Kulisse bilden und die buschigen Blumen die Lücken füllen.

► Verträumt

Man blickt durch eine rosarote Brille, wenn man diesen üppigen Balkonkasten sieht. Zarte Fuchsienglöckchen (*Fuchsia*-Hybriden) hängen locker über. Atlasblumen (*Clarkia amoena*) mit dichten Blüten und gefüllte Knollenbegonien (*Begonia*-Knollenbegonien-Hybriden) geben der Bepflanzung farbenfroh Volumen und Fülle.

▲ Klassisch

Strauchmargeriten (*Argyranthemum frutescens*) zählen zu den schlichten Schönheiten. Die verschiedenen Sorten in Weiß, Hell- und Himbeerrosa lassen sich fix kombinieren zu einer dezenten Kastenbepflanzung, die sich gut in einen klassisch eingerichteten Balkon einfügt. Keine der Farben spielt sich in den Vordergrund.

Sonnenanbeter

Der Südbalkon erstrahlt in goldgelbem Glanz

Ein Platz an der Sonne. Zwischen der überbordenden Pracht der Kapuzinerkresse lässt sich der Sommer gut genießen.

Die Farbe der Sonne ist zugleich die Farbe des Glücks. Deshalb ist die Wahl einer gelben Stimmung auf dem Balkon ein Glücksgriff. Streicht oder verkleidet man die Wände in gebrochenem Weiß oder Schwefelgelb, verbreitet sich ein wohliges Gefühl. Ein gelbes Geländer und Klappstühle, deren Metallstreben gelb gestrichen sind, unterstreichen diese Stimmung. Alternativ kann man auch den Sonnenschutz in einem warmen Gelbton wählen. Nun geht selbst an bedeckten Tagen von diesem Balkon eine sonnige Atmosphäre aus.

Eine Sonderstellung unter den gelb blühenden Pflanzen haben Korbblüher wie Goldzweizahn (*Bidens ferulifera*), Gelbes Gänseblümchen (*Thymophylla tenuiloba*), Sonnenblumen (*Helianthus annuus*) und Dukatenblume (*Asteriscus maritimus*). Jede einzelne Blüte erinnert an eine Sonne. Wenn sich die Blüten öffnen, spielt das Wetter für die Stimmung fast schon eine untergeordnete Rolle. Balkone mit einer halbschattigen Lage profitieren von diesen Pflanzen. Zur Unterstützung sollten noch einige sattgelbe Tupfer verstreut werden. Die dicht gefüllten Blüten von Knollenbegonien (*Begonia*-Knollenbegonien-Hybride) beispielsweise unterstreichen den Eindruck. Als Pendant zu aufrecht wachsenden Sonnenblumen pflanzt man Pantoffelblumen (*Calceolaria*-Hybride), die sich als kleine gelbe Kissen zwischen den buschigen Arten ausbreiten. Knollenbegonien und Pantoffelblumen vertragen einen Platz im Halbschatten.

Um das Gelb der Blüten in einer Balkonbepflanzung zu unterstreichen, ergänzt man Blattschmuckpflanzen. Empfehlenswert sind die gelbgrün gezeichnete Form des Küchensalbeis (*Salvia officinalis* 'Icterina') und *Helichrysum petiolare* 'Rondello'. Beide eignen sich für die pralle Sonne. Pfennigkraut (*Lysimachia nummularia*) leuchtet mit frischgrünen Kaskaden im Halbschatten. Die gelbgrün gezeichneten Efeusorten (*Hedera helix*) vertragen absonnige, aber keine vollschattigen Standorte.

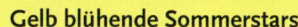

Auf einem ohnehin

sonnigen Balkon kann das Gelb zu warm und gleichmäßig wirken. Es sei denn, man mischt ein paar weiß blühende Sommerblumen unter, die die Situation angenehm herunter- kühlen. Weiße Strauchmargeriten (Argyranthemum frutescens), Hängelobelien (Lobelia erinus) und weiße Fächerblumen (Scaevola saligna) eignen sich ebenso gut wie hellgelbe Sorten von Hängepetunien (Petunia-Surfinia-Hybriden), cremefarbene Studentenblumen (Tagetes erecta) und weißer Ziertabak (Nicotiana × sanderae).

Variationen mit gelben Blüten

1. **Mit roten Tupfen** Verbenen setzen Akzente auf dem gelben Balkon.

2. **Weiße Tupfer** Männertreu und weiße Margeriten ziehen durch Goldzweizahn und gelbe Margeriten.

3. **Zarte Schönheit** Das hellgelbe Auge der Petunien verbindet sich gut mit dem Gelb des Kastens.

Gelb blühende Sommerstars

- Strauchmargerite *(Argyranthemum frutescens)*
- Dukatenblume *(Asteriscus maritimus)*
- Goldzweizahn *(Bidens ferulifolia)*
- Pantoffelblume *(Calceolaria-Hybriden)*
- Mittagsgold *(Gazania-Hybriden)*
- Strohblume *(Helichrysum bracteatum)*
- Wandelröschen *(Lantana-Camara-Hybriden)*
- Zauberglöckchen *(Petunia-Calibrachoa-Hybriden)*
- Studentenblume *(Tagetes-Hybriden)*
- Gelbes Gänseblümchen *(Thymophylla tenuiloba)*
- Kapuzinerkresse *(Tropaeolum-Hybriden)*
- Zinnie *(Zinnia elegans)*

Ein nordischer Touch kommt

ins Spiel, wenn man klare Blautöne zum Gelb gesellt. Diese Farbkonstellation der schwedischen Nationalflagge entsteht mit Hilfe von Elfenspiegel (Nemesia-Hybriden), Blaumäulchen (Torenia-Hybriden) und Mehlsalbei (Salvia farinacea). Das Blau wirkt kühl und bildet einen angenehmen Kontrast zum Gelb. Für einen lebendigen Sonnenschutz kann man Prunkwinden (Ipomoea purpurea) und die Kanarische Kresse (Tropaeolum peregrinum) zusammen an einem Spalier klettern lassen. Wichtig ist, dass das Blau nur locker eingestreut wird, ohne sich dominant in den Vordergrund zu spielen. Am Abend, wenn die Temperaturen sinken, ist man dankbar für die Wärme, die von den gelben Blüten und natürlich auch von den Accessoires ausgeht.

Typisch Mittelmeer

Sie wünschen sich schon im Frühjahr eine Urlaubsverlängerung? Dann sollten Sie sich mit Ihrer Balkongestaltung auf den mediterranen Stil einstimmen. So wird jede freie Minute zu einem Kurzurlaub an der Riviera, in der Provence oder auf griechischen Inseln.

Zwischen Zitrusbäumchen und Lorbeer fühlt man sich wirklich wie im Land, wo die Zitronen blühen.

Wenn man vom Mittelmeer träumt, dann taucht automatisch die Farbe Blau auf. Beim einen leuchtet das Blau klar, wie die Fensterläden der weißen Häuser in der Ägäis, beim anderen mischt sich ein Stich rot darunter und es wird zum Lavendelblau der Provence. Auf dieses Lilablau trifft man bei den Balkonblumen recht häufig. Kartoffelstrauch (*Lycianthes rantonnetii*), Vanilleblume (*Heliotropium arborescens*) und Fächerblume (*Scaevola saligna*) vertreten die dunklere Variante. Blaue Mauritius (*Convolvulus sabatius*), Blaues Gänseblümchen (*Brachyscome iberidifolia*) und Elfenspiegel (*Nemesia*-Hybriden) dagegen wirken heller und sanfter. Daneben dürfen für eine solche Stimmung einige markante Pflanzen, die aus dem Mittelmeerraum stammen, nicht fehlen. An allererster Stelle steht der Lavendel (*Lavandula*). Seine winterharte Form, *Lavandula angustifolia*, kann man gut in Töpfen halten und auch mit Winterschutz im Freien überwintern. Der Schopflavendel (*Lavandula stoechas*) mit seinen lila Hochblättern am Ende der Blütenähren übersteht den Winter nur an einem kühlen, hellen Platz in der Wohnung. Zitrus- (*Citrus*) und Olivenbäumchen (*Olea europaea*) verkörpern ebenfalls das beliebte Urlaubsziel. Sie machen sich gut als Kübelpflanzen.

Für das perfekte Feeling wie am Mittelmeer sind aber auch einige Accessoires notwendig. An erster Stelle stehen Terrakottatöpfe. Reliefgirlanden aus Zitrusfrüchten auf den Töpfen wirken opulent. Je kleiner der Balkon, desto sparsamer setzt man sie ein. Klassische Säulen aus Ton, die als Pflanzenmöbel dienen, erinnern an die Antike. Ornamentale Pinienzapfen und ein Obstkorb aus Terrakotta füllen Lücken. Und auf einem großen Balkon kann man sich auch ruhig einmal den Luxus einer hohen Amphore gönnen. Als Sonnenschutz stimmt ein schlichter Schleier, der wie eine Gardine vor dem Balkon hängt, auf Italien ein. Diese »Gardinen« schattieren nach Süden ausgerichtete Balkone sehr effektiv.

vulgaris) beschränkt, verstärkt mit blauen Gefäßen das Flair des Mittelmeers. Zartes Gelb passt ebenso gut. Es gibt der Gestaltung eine sonnige warme Note, die sich in den nördlichen Breiten bezahlt macht und den Halbschatten etwas aufhellt. Auch provenzalische Stoffdesigns für Decken und Kissen wirken hier sehr authentisch.

Surfinia-Hybriden) und der etwas kleineren Zauberglöckchen *(Petunia*-Calibrachoa-Hybriden) zurück. Außerdem sollte man nicht vergessen, dass Geranien *(Pelargonium-*Zonale-Hybriden) in allen Mittelmeerländern das Bild der Städte und Dörfer prägen.

Die Möbel greifen die typische

blaue Farbstimmung auf und unterstreichen sie. Mit Hilfe von blauen Tonkugeln wird sie dezent verstärkt. Wer bei der Bepflanzung schlichter bleibt und sich auf mediterrane Nutzpflanzen wie Lorbeer *(Laurus nobilis)*, Basilikum *(Ocimum basilicum)*, Rosmarin *(Rosmarinus officinalis)* und Thymian *(Thymus*

Situationen im mediterranen Stil

1. **Das Blau des Südens** Möbel und Accessoires in klarem Blau leuchten zwischen Orangen, Kumquat und Tagetes.

2. **Klassische Formen** Kugelige Lorbeerbüsche unterstreichen die ruhige Atmosphäre.

3. **Wie in der Provence** Die Lavendelblüten verbreiten ihren typischen Duft am Sitzplatz.

So blüht und grünt das Mittelmeer

- Schmucklilie *(Agapanthus africanus)*
- Bougainvillea *(Bougainvillea-Arten)*
- Currykraut *(Helichrysum italicum)*
- Prunkwinde *(Ipomoea purpurea)*
- Lorbeer *(Laurus nobilis)*
- Lavendel *(Lavandula angustifolia)*
- Oleander *(Nerium oleander)*
- Geranien *(Pelargonium-Zonale-Hybriden)*
- Granatapfel *(Punica granatum)*
- Rosmarin *(Rosmarinus officinalis)*
- Studentenblume *(Tagetes-Hybriden)*
- Zitronenthymian *(Thymus × citriodorus)*

Wenn es Sie mehr Richtung Spanien oder nach

Griechenland zieht, dürfen ein paar poppige Pinktöne das klare Blau der Möbel begleiten. Eigentlich sind es Oleander *(Nerium oleander)* und Bougainvillee *(Bougainvillea glabra, B. spectabilis)*, die diese Farben ins Spiel bringen. Wer für die Kübelpflanzen nicht genügend Platz und kein rechtes Winterquartier hat, der greift auf die überbordende Pracht der pinkfarbenen Hängepetunien *(Petunia-*

Zauber der Tropen

Das Fernweh lässt sich leider nicht immer mit einem Urlaub stillen. Ein guter Trost für alle, die im Sommer keine Zeit für Urlaub haben, sind Balkonblumen mit tropischer Anmutung. Üppiges Blattwerk und leuchtende Blüten zeichnen diese Pflanzen aus.

Der Traum von der Südsee trägt leuchtende Farben. Schrille Rot- und Orangetöne vermischen sich mit Pink und Türkis. Die Grundstimmung wird durch Kübelpflanzen geprägt. Die markanteste Blume für den Hawaiizauber auf Balkonien ist der **Hibiskus** *(Hibiscus rosa-sinensis)*. Die großen leuchtenden Blüten sitzen an den Trieben der Büsche und Hochstämmchen. Er braucht einen windstillen, warmen Platz mit nicht zu trockener Luft. Anderenfalls werden die Blütenknospen abgeworfen, bevor sie erblüht sind, und auf der Blattunterseite machen sich Spinnmilben breit. Deshalb sollte man ein Eckchen suchen, dass von einem lebendigen Sichtschutz abgeschirmt ist. So hat man einen perfekten Windschutz und zugleich profitiert das Kleinklima von der Verdunstung der Blätter. Eine **Feuerbohne** *(Phaseolus coccineus)* heizt mit ihren roten Blüten die Stimmung an und wächst mit tropischer Opulenz. Auch die **Sternwinde** *(Ipomoea lobata)* fügt sich in die Farbstimmung ein. Statt des Hibiskus kann man auch eine Schwester wählen: Die Schönmalve *(Abutilon-Hybriden)* bildet große Büsche,

die kleinere, glockenförmige Blüten tragen. Diese Pflanzen sind besonders zu empfehlen, wenn man eine Ecke auf dem Balkon fix füllen will.

Tropenfeeling kommt auch mit dem Indischen Blumenrohr *(Canna indica)* auf. Diese nicht winterharte Knollenpflanze kann man im April in die großen Kübel legen. Innerhalb von wenigen Wochen entfalten sich die großflächigen Blätter. Im Hochsommer tragen die Blütenstände wundervolle Blüten in leuchtenden Farben. Etwas ganz Besonderes sind die rötlich gestreiften Blätter der Sorte 'Tropicana'. Im Gegenlicht sehen sie besonders raffiniert aus.

Möbliert wird der stilechte Südseebalkon mit bequemen Korbmöbeln. Oder man greift mit Hilfe der Möbel die Farbstimmung nochmals auf. Strohmatten bieten sich als Wand- und Brüstungsverkleidung an, weil sie an typische Strohhütten erinnern.

Indisches Blumenrohr mit seinen üppigen Blättern und den leuchtenden Farben unterstreicht die exotische Stimmung auf diesem Balkon.

Die Balkon-kästen

bepflanzt man mit fröhlich bunten Blütenschönheiten und üppig wachsenden Pflanzen. Hängepetunien (Petunia-Surfinia-Hybriden) zählen zusammen mit Schmalblättrigen Zinnien (Zinnia angustifolia), Studentenblumen (Tagetes) und Ringelblumen (Calendula officinalis) zu den Favoriten. Sie wachsen kräftig und blühen zuverlässig. Auch die orangefarbenen Kapmargeriten (Osteospermum ecklonis) fügen sich gut ein. Die neuen Züchtungen des Elfenspiegels (Nemesia-Hybride 'Sunsatia') mit großen Blüten in Orangegelb und Pinkrosa bringen Exotik ins Spiel. Wer eine gute Quelle für ungewöhnliche Balkonblumen hat, der sollte die Augen nach Kalifornischem Mohn (Eschscholtzia californica) und Maskenblumen (Alonsoa meridionalis) offen halten.

Der **Blattschmuck** hat einen festen Platz zwischen den Blüten. Gerade Buntnesseln (Solenostemon scutellarioides) unterstreichen die tropische Üppigkeit. Im Laufe des Sommers entstehen kräftige Büsche. Entspitzen hilft dabei, das Längenwachstum zu drosseln und ein Breitenwachstum zu fördern. Ergänzt wird die Stimmung durch die über-

Bunt und üppig wie in den Tropen

1. **Zauberei mit Rot** Ziertabak, Elfensporn und Duftsteinrich im üppigen Trio.

2. **Exotisches Blattwerk** Purpurglöckchen, Neuseeländer Flachs und Buntnesseln sorgen für Stimmung und Leuchtkraft.

3. **Bunt und fröhlich** Studentenblumen und Hängepetunien bilden eine üppige Einheit.

Südseezauber in leuchtenden Farben

- Ringelblumen *(Calendula officinalis)*
- Indisches Blumenrohr *(Canna indica)*
- Taropflanze *(Colocasia esculenta)*
- Kaktusdahlien *(Dahlia-Hybriden)*
- Hibiskus *(Hibiscus rosa-sinensis)*
- Ziertabak *(Nicotiana × sanderae)*
- Kapmargeriten *(Osteospermum ecklonis)*
- Hängepetunien *(Petunia-Hybriden)*
- Buntnesseln *(Solenostemon scutellarioides)*
- Studentenblume *(Tagetes-Hybriden)*
- Kapuzinerkresse *(Tropaeolum-Hybriden)*

hängenden Blätter der Süßkartoffeln (Ipomoea batata) und das rotlaubige einjährige Federborstengras (Pennisetum setaceum). Zusammen mit rotlaubigem Fenchel (Foeniculum vulgaris 'Atropurpureum') bekommen die Pflanzungen Leichtigkeit. Besonders exotisch wirkt es, wenn man eine Taropflanze (Colocasia esculenta) im Topf dazustellt. Sie trägt große, fast schwarze Blätter mit stumpfer Oberfläche an langen, kräftigen Stielen und ist ein ausgesprochener Blickfang.

Anfänger

Die ersten Schritte zum Balkon-Paradies

Nur mit wüchsigen Hängepetunien in verschiedenen Farben kann man auf dem Balkon üppige Pflanzenfülle zaubern.

Wer anfängt, seinen Balkon zu gestalten, steht vor einem Berg von Fragen. Man hat keine Erfahrung und träumt von einer blütenreichen Idylle. Doch selbst wer überzeugt ist, keinen grünen Daumen zu haben, sollte sich vor der Bepflanzung nicht scheuen. Es gibt eine ganze Reihe zuverlässiger Balkonblumen, die robust und unproblematisch sind.

An allererster Stelle stehen Hängepetunien (*Petunia*-Surfinia-Hybride). Diese üppigen Schönheiten wachsen und blühen unermüdlich, wenn man sie regelmäßig gießt und düngt. Spezialdünger für Hängepetunien sind zu empfehlen, um wirklich nichts falsch zu machen. Es gibt Hängepetunien in verschiedenen Farben, vorzugsweise in Lila- und Rosatönen. Eine harmonische Mischung der Farben sorgt für Abwechslung.

Im Reigen der robusten

Anfängerpflanzen hat sich der Goldzweizahn (*Bidens ferulifolia*) einen Namen gemacht. Die Pflanzen verzweigen sich gut und blühen unermüdlich, ohne dass man zupfen und schneiden muss. Zu den duftigen Wolken passen überhängende Husarenknöpfchen (*Sanvitalia procumbens*).

Wer weiß, dass er das Gießen hin und wieder vergisst, der sollte sich einen klassischen Geranienbalkon zulegen. Hängende (*Pelargonium*-Peltatum-Hybriden) und aufrechte Sorten (*P.*-Zonale-Hybriden) sorgen für Vielfalt, und außerdem kommt mit Blattschmuck- und Duftpelargonien (*Pelargonium*-Arten und -Sorten) noch mehr Abwechslung ins Spiel. Die Klassiker haben den großen Vorteil, dass sie Wärme und Trockenheit lieben. Der Wurzelballen sollte immer vollständig abtrocknen. Fragen Sie beim Gärtner nach selbstputzenden Sorten. Sie werfen die Blüten ab, sodass man wenig Arbeit mit den Schönheiten hat.

Im ersten Jahr stellt der Balkon eine Herausforderung dar. Setzen Sie deshalb nicht auf Quantität, sondern auf Qualität. Machen Sie mit zwei Kästen und einer kleinen Topfgruppe Ihre Erfahrungen. Blumige Decken und Kissen in passenden Farben verstärken den Eindruck der Bepflanzung und machen wenig Arbeit. Wenn es dann im Hochsommer doch kahl wirkt, ergänzt man fix einige Einzeltöpfe auf Regalbrettern und auf dem Tisch.

Ein warmer Balkon hat ideale Bedingungen für Studentenblumen (Tagetes). Die orangeroten und gelben Blüten gibt es in den verschiedensten Größen. In der sommerlichen Sonne entwickeln sie sich rasch zu großen Büschen. Sollte im Hochsommer mal eine Pflanze schlapp machen, so ist das kein Problem, Selbst erfahrene Balkongärtner werden hin und wieder vor diese Situation gestellt. Die Lösung findet man beim Gärtner, der im Sommer niedrige Sonnenblumen (Helianthus annuus) und Sonnenhut (Rudbeckia hirta) anbietet. Mit diesen goldgelben Balkonblumen werden die Lücken geschlossen.

Will man einen hellen Lichtblick ins Spiel bringen, so ist die weiße Schneeflockenblume (Sutera diffusus) zu empfehlen. Diese Polsterpflanze ist so robust, dass sie sich rasch erholt, wenn sie beim Gießen mal vergessen wurde. Rosafarbene Sorten sind empfindlicher.

Leichte Kombinationen für jedermann

1. **Zuverlässige Schönheiten**
   In den Töpfen wachsen verschiedene Studentenblumen.

2. **Platz an den Sonnenblumen**
   Die großen Blüten der Sonnenblumen bilden hübsche Blickfänge.

3. **Prachtvoller Mix**
   Blaue Hängepetunien und rote Hängegeranien wachsen ineinander.

Pflegeleichte Schönheiten für Anfänger

- Goldzweizahn *(Bidens ferulifolia)*
- Blaue Mauritius *(Convolvulus sabatius)*
- Sonnenblumen *(Helianthus annuus)*
- Geranien *(Pelargonium-Hybriden)*
- Duftgeranien *(Pelargonium crispum, P. × graveolens)*
- Hängepetunien *(Petunia-Surfinia-Hybriden)*
- Sonnenhut *(Rudbeckia hirta)*
- Husarenknöpfchen *(Sanvitalia procumbens)*
- Fächerblume *(Scaevola saligna)*
- Buntnessel *(Solenostemon scutellarioides)*
- Schneeflockenblume *(Sutera diffusus)*
- Studentenblumen *(Tagetes-Hybriden)*

Romantiker

Der Charme von zarten Farben und blumigen Düften

Üppige Blütenwolken in zarten Pastelltönen und die Tischdecke aus Organza schaffen ein verträumtes Refugium.

Wenn man von Romantik spricht, zählt die Muße zu den ersten Prioritäten. Auch hier kommt die Idee von Balkon fix! sehr gelegen. Mit klaren Vorstellungen stellt sich die gewünschte verspielte Stimmung bald ein. So kann man schon beim Einrichten und bei der anschließenden Bepflanzung viel Zeit sparen, die man besser zum Träumen und Genießen nutzen kann.

Zunächst einmal sollte das Thema Sichtschutz zuverlässig geklärt werden. Zuschauer haben in einem romantischen Ambiente nichts zu suchen. Außerdem sollte man sich auf ein Farbspektrum von Weiß und Pastelltönen festlegen, denn diese Farben bringen die ersehnte Leichtigkeit ins Spiel. Sie wird unterstützt durch zarte Stoffe wie Seide, Satin und Organza, die dem Sommerwohnzimmer eine duftige Note geben. Auf der anderen Seite sollten Sie Pflanzen mit unzähligen, kleinen Blüten auswählen, um ein Gefühl von Duftigkeit entstehen zu lassen. Hier sind Zauberglöckchen (*Petunia*-Calibrachoa-Hybriden), Hängendes Männertreu (*Lobelia erinus*) und Schneeflockenblumen (*Sutera diffusus*) gefragt.

Überhängende und rankende Blüten

bilden meist wundervolle Wolken. Die Hängepetunien (*Petunia*-Surfinia-Hybriden) lassen nicht lange auf sich warten. Ebenso zeigen sich Hängegeranien (*Pelargonium*-Peltatum-Hybriden) blütenreich. Gefüllte Blüten dürfen auf dem romantischen Balkon nicht fehlen. An erster Stelle stehen die rosenblütigen, gefüllten Fleißigen Lieschen (*Impatiens walleriana*), die vorzugsweise den Halbschatten mit ihrer Pracht verzaubern.

Harte Kontraste stehen den süßen Träumereien im Wege. Graulaubige Schönheiten wie Salbei (*Salvia officinalis*) und die verschiedenen Formen des Lakritzkrautes (*Helichrysum petiolare*) erweisen sich als geschickte Diplomaten.

Jede Blüte trägt

ein anderes Parfüm. Daher sollte man schon bei der Mischung verschiedener Pflanzen darauf achten, dass die Düfte miteinander harmonieren. So haben Levkojen *(Matthiola incana)* und Elfenspiegel *(Nemesia*-Hybriden) ähnliche Duftnoten und passen gut nebeneinander. Bei Rosen kommt es ganz auf die Sorte an, denn es gibt unter Anderem fruchtige, süßliche und frische Noten.

Duftende Schönheiten

sollte man mit Bedacht platzieren. Es wäre Vergeudung, wenn man sie in Kästen pflanzt, die außen am Geländer hängen. Ebenso steckt man die Nase nur selten zum Schnuppern in die Blumenampel. Köstliche Blütenparfüms gehören in die Nähe des Sitzplatzes: auf eine Etagere neben dem bequemen Sessel, auf den Tisch oder in die Blumenbank am Geländer. Duftgeranien *(Pelargonium*-Arten) dagegen sollten so aufgestellt werden, dass man im Vorbeigehen mit der Hand hindurchstreichen kann, damit eine Wolke des Parfüms aus dem Blattwerk aufsteigt.

Blüten für ein romantisches Flair

- Leberbalsam *(Ageratum houstonianum)*
- Blaues Gänseblümchen *(Brachyscome iberidifolia)*
- Blaue Mauritius *(Convolvulus sabatius)*
- Schmuckkörbchen *(Cosmos bipinnatus)*
- Elfensporn *(Diascia*-Hybriden)
- Silberwinde *(Dichondra repens)*
- Kapaster *(Felicia amelloides)*
- Hängelobelie *(Lobelia erinus)*
- Lakritzkraut *(Helichrysum petiolare)*
- Zauberglöckchen *(Petunia*-Calibrachoa-Hybriden)
- Mehlsalbei *(Salvia farinacea)*
- Schneeflockenblume *(Sutera diffusus)*

Parfümeure unter den Balkonblumen

- Vanilleblume *(Heliotropium arborescens)*
- Duftwicken *(Lathyrus odoratus)*
- Lavendel *(Lavandula angustifolia)*
- Lilie *(Lilium*-Hybriden)
- Duftsteinrich *(Lobularia maritima)*
- Levkoje *(Matthiola incana)*
- Wunderblume *(Mirabilis jalapa)*
- Elfenspiegel *(Nemesia*-Hybriden)
- Duftgeranien *(Pelargonium*-Arten und -Sorten)
- Rosen *(Rosa*-Hybriden)
- Eisenkraut *(Verbena*-Hybriden)
- Sternbalsam *(Zaluzianskya villosa)*

Träume der Phantasie

1. Zarte Mädchenbüste
Verspielt wirkt die Figur inmitten der Blüten des Elfenspiegels.

2. Blaue Romanze
Die blau gestrichenen Balkonmöbel unterstreichen die Stimmung.

3. Duftende Kaskaden
Eine würzige Note verbreitet der Weihrauch zwischen Petunien.

Terrassengärtner

Hier spielen Kübelpflanzen die Hauptrolle

Wohnungen zu ebener Erde und Dachgeschosse haben statt des Balkons eine Terrasse. Von der Größe her hat man mehr Platz, allerdings fühlt man sich auch schnell wie auf dem Präsentierteller, weil es oft an gutem Sichtschutz mangelt. Zu den Seiten kann man mit Sichtschutzwänden (siehe Seite 18 f.) einen guten Schutz aufbauen, der zugleich verhindert, dass es am Terrassensitzplatz zieht. Nach vorne schirmt man sich mit Kübelpflanzen ab, die bei dieser Art des Open-Air-Wohnzimmers die Hauptrolle spielen.

Bei den Kübelpflanzen unterscheidet man zwischen buschigen Pflanzen, die sich von unten gleichmäßig aufbauen, und Hochstämmchen, die ihre kugelige Krone auf einem Stamm tragen. Buschige Sorten bieten einen guten Sichtschutz und bilden geradezu ideal seitliche Wände.

In großen Töpfen wachsen

Oleanderbüsche, die im Laufe der Jahre immer dichter werden. Sie brauchen wie die meisten der in diesem Kapitel erwähnten Kübelpflanzen einen frostfreien Raum zum Überwintern. Oleander *(Nerium oleander)* verträgt vor allem die sonnigen warmen Plätze. Allerdings darf diese Tatsache nicht darüber hinwegtäuschen, dass diese südlichen Sträucher sehr viel Wasser brauchen. Wer kleine Kinder hat, sollte unbedingt beachten, dass der Oleander trotz aller Schönheit in allen Teilen sehr giftig ist.

Als Alternative

für den Oleander bietet sich der Granatapfel *(Punica granatum)* mit korallenroten Blüten an. Der Strauch bildet ein reich verzweigtes Astgerüst. Die hellblaue Bleiwurz *(Plumbago auriculata)* dagegen wächst sehr ausladend. Die sparrigen Triebe bauen sich mit ihren wasserblauen Blütendolden locker auf und man sollte die Äste mit Hilfe einer Stütze im Zaum halten. Sehr gut steht eine Bleiwurz am

Orangeblaues Hochstamm-Duo:
Kartoffelstrauch und Wandelröschen
mit farblich passend bepflanzten Füßen.

Meist hat man auf der Terrasse

mehr Platz als auf dem Balkon. Wobei die Möbel dann auch schnell verloren wirken. Es empfiehlt sich daher, immer einige Hochstämmchen bereitzuhalten. Kartoffelstrauch *(Lycianthes rantonnetii)*, Wandelröschen

Terrassenrand, denn beim häufigen Vorbeigehen knickt leicht ein Ast der sparrigen Triebe ab.

Ähnlich wie diese reinen Kübelpflanzen lassen sich auch aus Gräsern seitlich mobile, grüne Wände aufbauen. Aus Chinaschilf *(Miscanthus sinensis)* und Bambus *(Fargesia murieliae)* entsteht ein dichtes Buschwerk. Beim erstgenannten Gras sterben die Triebe jedes Jahr ab. Der Bambus ist immergrün und braucht im Winter einen Schutz vor starkem Frost. Man kann beide sehr gut in längliche Mörtelwannen pflanzen, sodass die mannshohen Halme wie eine Hecke wachsen. Eine gute Ernährung und der Anschluss an eine automatische Bewässerung garantieren eine fixe Entwicklung der Gräser, damit sich die Terrasse in ein lauschiges, gemütliches Eckchen verwandelt. Mit ein paar schlingenden Prunkwinden *(Ipomoea purpurea)*, die an den Halmen Halt finden, entstehen bunte Farbtupfer.

(Lantana-Camara-Hybriden) und Strauchmargerite *(Argyranthemum frutescens)* bieten sich als blütenreiche Schönheiten an. Der große Vorteil bei den Hochstämmchen besteht darin, dass die Pflanzen beim Kauf bereits ihre Größe erreicht haben. Auch Geranien *(Pelargonium*-Hybriden) werden gerne als Stämmchen gezogen und präsentieren den Sommerklassiker auf der Terrasse. Im Schatten übernehmen Fuchsien *(Fuchsia*-Hybriden) mit einer großen Sortenvielfalt diese Rolle.

Hochstämmchen als Blickfang

1. **Dauerblüher Lantane** Das Wandelröschen ist leicht zu überwintern.
2. **Im Stufenlook** Kartoffelstrauch und Granatapfel schirmen den Sitzplatz ab.
3. **Wasserblau** Bleiwurz wächst sparrig in die Breite.
4. **Blütenball im Blick** Schönes Duo: Strauchmargerite und Bougainvillee.

▼ Rustikal

Eine Strohmatte bildet einen zuverlässigen Sichtschutz zum Nachbarn. Der Terrassenplatz wird von einer Bougainvillee *(Bougainvillea)* und einem Oleander *(Nerium oleander)* eingerahmt. Zusätzlich sorgt die schlanke Säule einer Zypresse *(Cupressus sempervirens)* für einen Akzent. Mit einem guten Schutz überwintert sie im Freien.

◄ Verträumt

Der rosarote Traum entsteht durch das Hochstämmchen der Bougainvillee *(Bougainvillea)* und die Kreppmyrte *(Lagerstroemia indica)*. Dahinter bauen sich locker einige Petunien *(Petunia*-Hybriden) auf, um die Farbe zu verstärken. Der weiße Stuhl verknüpft sich mit den weißen Gefäßen und dem Zaun im Hintergrund.

Balkon-Exoten

Mit Kübelpflanzen werden die Sitzplätze auf der Terrasse zu einer idyllischen Sommeroase. Die hohen Pflanzen schirmen die Rückzugsräume perfekt ab und schmücken sie mit ihren üppigen Blüten. Weil Kübelpflanzen einen recht großen Wurzelraum haben, machen sie auch nicht so schnell schlapp. Man muss zwar morgens beziehungsweise abends die Erde gründlich und anhaltend gießen, aber die Pflege ist einfacher als bei Balkonblumen. Die Blütenfarben der Kübelpflanzen sollten miteinander harmonieren, damit eine Einheit entsteht.

► Mediterran

Verschiedene Zitrusbäumchen *(Citrus)* gruppieren sich malerisch (und ganz fix) um diesen kleinen, gemütlichen Sitzplatz. Hier fühlt man sich wie im Süden. Als farbiger Akzent blüht das Hochstämmchen einer Bougainvillee *(Bougainvillea)*, die in einem Übertopf mit klassischem Zitronenmotiv steht.

▲ Sinnlich

Der grasgrüne Korbsessel bringt Frische in die Situation. Das Sitzeckchen wird von einer Engelstrompete *(Brugmansia)* eingerahmt. Sie bringt abends einen süßlichen Duft ins Spiel. Als pinkfarbener Kontrast ranken sich am Sitzschutz verschiedene Clematis-Sorten *(Clematis viticella)* zusammen mit einer Rose nach oben.

Die lilablauen Tupfer von Kartoffelstrauch und Lavendel werden durch gelbe Studentenblumen aufgelockert.

Die kleinen Balkonblumen

machen sich auf der Terrasse eigentlich rar. Man hat kein Geländer, um Kästen aufzuhängen, und ein Töpfchen mit Duftsteinrich *(Lobularia maritima)*, das auf dem Fußboden steht, sieht zweifelsohne etwas spärlich aus. Man kann aber kleine Eyecatcher aus den Balkonblumen zusammenstellen, indem man größere Kübel wie einen Kasten bepflanzt. In den Mittelpunkt setzt man höhere Arten, die so genannten Leitpflanzen, an den Rand überhängende und in die Zwischenräume noch einige buschige Pflanzen.

Ziertabak *(Nicotiana × sandereae)* zählt zu den höheren Pflanzen, die sich für die Mitte einer solchen Kombination eignen. Auf die Blütenfarbe der Sorte stimmt man die Begleiter ab. Elegant wirken etwa die dunkelroten Blütensterne des Tabaks. Sie finden in blauem Mehlsalbei *(Salvia farinacea)*, Männertreu *(Lobelia erinus)* und dem rotblättrigen Blutblatt *(Iresine herbstii)* schmucke Partner. Wählt man dagegen eine Tabaksorte mit grünlichen Blüten aus, so kann man hellgelbe Kapmargeriten *(Osteospermum ecklonis)* und Elfenspiegel *(Nemesia-Hybriden)* ergänzen. Weiß panaschierte Minze *(Mentha suaveolens)* lockert die Situation auf und hängt locker über den Rand des Gefäßes.

Auch Schmuckkörbchen *(Cosmos bipinnatus)*, Dahlien *(Dahlia-Hybriden)* und Mexikanische Sonnenblumen *(Tithonia rotundifolia)* kommen als höhere Sommerblumen gut zur Geltung. Auf der Terrasse erzielt man auch mit Rosen *(Rosa-Hybriden)* gute Wirkung. Meist sind die Pflanzen sogar wüchsiger als auf dem Balkon, denn die sommerliche Hitze staut sich nicht so stark.

Die Fläche auf der Terrasse

will gefüllt werden. Allerdings soll es schnell gehen und die Pflege darf auch nicht allzu viel Zeit kosten. Leicht zu pflegen und in der Wirkung überzeugend sind Gruppen von Pflanzen. Auf Etageren und Tischen stellt man einige hübsche Exemplare zusammen und schmückt die Zwischenräume mit Accessoires. Auf einem Bistrotisch mit Duftgeranien *(Pelargonium × graveolens, P. crispum)* liegen beispielsweise ein paar Schneckenhäuser in verschiedenen Größen. Auf der blauen Terrasse dekoriert man einen Bistrotisch mit verschiedenen Glockenblumen *(Campanula)*. Dazu legt man noch einige blaue Tonkugeln aus. Es ist günstig, wenn man unterschiedlich hohe Gefäße verwendet. So entsteht eine lockere Höhenstaffelung und die Gestaltung erhält ein größeres Volumen.

Wenn man einen Tisch für die Dekoration verwendet, bringt dieser den Vorteil, dass man die Runde schnell erweitern kann. Der Tisch wird freigeräumt und zusammen mit ein paar Stühlen an den Sitzplatz gerückt.

Schöne Kübelpflanzen für die Terrasse

- Schmucklilie *(Agapanthus-Hybriden)*
- Strauchmargerite *(Argyranthemum frutescens)*
- Drillingsblume, Bougainvillee *(Bougainvillea-Arten)*
- Engelstrompete *(Brugmansia-Sorten)*
- Zwergpalme *(Chamaerops humilis)*
- Zitrone *(Citrus limon)*
- Säulenzypresse *(Cupressus sempervirens)*
- Kreppmyrte *(Lagerstroemia indica)*
- Wandelröschen *(Lantana-Camara-Hybriden)*
- Lorbeer *(Laurus nobilis)*
- Liguster *(Ligustrum vulgaris)*
- Kartoffelstrauch *(Lycianthes = Solanum rantonnetii)*
- Oleander *(Nerium oleander)*
- Olivenbaum *(Olea europaea)*
- Bleiwurz *(Plumbago auriculata)*

Schattenbalkon

Den ganzen Sommer bleibt es angenehm kühl

Begonien und Buntnesseln verbreiten im Schatten eine tropische Atmosphäre.

Männertreu *(Lobelia erinus)*, Elfensporn *(Diascia*-Hybriden) und Duftsteinrich *(Lobularia maritima)* sich von ihrer blumigen Seite zeigen. Auch hinsichtlich der Pflege ist der halbschattige Balkon vorteilhaft. Denn wo die Sonne die Verdunstung nicht ankurbelt, muss man weniger gießen.

Gestalterisch verlangt

der Schattenbalkon ein paar Kunstgriffe, denn die Atmosphäre wirkt ohne Zutun kühl und düster. Der Trick liegt zum einen darin, helle Farben zu verwenden. Weiße Möbel und helle Stoffe sorgen für eine freundliche Atmosphäre, weil mehr Licht reflektiert wird. Helle Gefäße und Accessoires unterstützen diesen Effekt. Wahre Lichtblicke sind verspiegelte Rosenkugeln und Glaskristalle. Ihre Lichtblitze lockern die Atmosphäre angenehm auf.

Nicht nur ein reiner

Nordbalkon bleibt während der Sommermonate im Schatten. Auch Nachbarbauten und Gehölze können verhindern, dass man die Sommersonne in vollen Zügen genießen kann. Erst wenn es im Hochsommer so richtig heiß wird, zeigt der absonnige Balkon seine Vorteile. Man kann die Mittagsstun-

den im Freien verbringen und dennoch auf einen Sonnenschutz verzichten.

Meist hat man es ohnehin mit einer Mischform zu tun, dem halbschattigen Balkon. Wenn man morgens oder abends von der Sonne profitiert, ist dies eine perfekte Lösung. Eine solche Konstellation bringt den Vorteil mit sich, dass eine ganze Reihe von Balkonblumen wie

Allerdings sollte man keine reinen Weißtöne verwenden. Auf der einen Seite sieht Weiß nur überzeugend aus, wenn immer alles ganz sauber ist. Auf der anderen Seite verbreitet ein gebrochenes Weiß ebenso wie zarte Flieder- und Rosatöne ein weniger kühles Flair. Vermischt man die helle Atmosphäre mit Rot- und Gelbtönen, wird die Stimmung angenehm wärmer.

Schatten vertragen

Schatten vertragen nicht nur eine ganze Reihe von Balkonblumen, sondern auch zahlreiche mehrjährige Gartenblumen. An erster Stelle für den blumigen Sommerauftakt stehen die Prachtspieren *(Astilbe)*. Das Standardsortiment der Gartenastilben *(Astilbe × arendsii)* findet man in jedem Gartencenter. Zwischen den fein zerteilten, dunkelgrünen Blättern entstehen die aufrechten Blütenkerzen, die in der Farbe von Weiß über Rosa bis hin zu Rot variieren. Mit diesem Farbspektrum ergänzen Prachtspieren sehr stimmungsvoll die Fuchsienpracht. Neben Hochstämmchen und Kästen mit Fuchsien *(Fuchsia*-Hybriden) kann man sie im Kübel platzieren. Ein Geheimtipp sind die kleinen Chinesischen Prachtspieren *(Astilbe chinensis)*. Die Sorte 'Sprite', die man in der Regel in gut sortierten Staudengärtnereien erhält, eignet sich hervorragend als mehrjährige Kastenbepflanzung. Ihre feinen, federartigen Blüten stehen über dem dunkelgrünen Laub und bilden zusammen mit Gräsern und einigen Fleißigen Lieschen *(Impatiens walleriana)* eine raffinierte Sommerbepflanzung. Astilben überstehen den Winter im Topf, wenn

man sie an einen geschützten Platz stellt und bei frostfreiem Wetter gelegentlich gießt.

Blickfänge entstehen

Blickfänge entstehen durch Hortensien *(Hydrangea macrophylla)*. Die Sträucher setzt man in große Kübel. Sie füllen mit ihrem grünen Astwerk die Eckpunkte eines Balkons. An den Enden der Triebe entstehen die rosaweißen oder blauen Blütenbälle. Die Farbe der Hochblätter – die eigentlichen Blüten sind unscheinbar – beruht zum einen auf der Sorte, zum anderen wird sie durch die Bodenreaktion beeinflusst. Manche Sorte färbt ihre Hochblätter blau, wenn der Boden einen niedrigen pH-Wert hat, also sauer ist, und genügend Alaun enthält. Spezielle Hortensiendünger und ein Substrat für Moorbeetpflanzen garantieren dem Balkongärtner die blauen Blüten. Für die Überwinterung sollte man den Wurzelballen verpacken.

Highlights für den schattigen Balkon

1. **Rosarotes Paradies**
   Astilben schmücken den Schatten mit kräftigen Farben.

2. **Weißer Lichtblick**
   Knollenbegonien und Fleißige Lieschen ergänzen sich gut.

3. **Fuchsienschönheit**
   Fuchsien-Hochstämme und -büsche setzen Akzente.

Neben Fuchsien, Fleißigen Lieschen und Begonien sorgen weiße Möbel und blauer Sichtschutz für Pfiff.

Figuren aus Buchsbaum *(Buxus sempervirens)* eine stimmungsvolle Bepflanzung gestalten. Zwei Kugeln und zwei Kegel werden an markanten Punkten aufgestellt. In die Kästen am Geländer setzt man einige kleine Kugeln und füllt die Lücken beispielsweise mit Schneeflockenblumen *(Sutera diffusus)* und Eisbegonien *(Begonia semperflorens)*.

Fuchsienzauber verwöhnt den Balkon mit farbigen Glöckchen.

Die Vielfalt der Sorten ist schwer zu überschauen. Besonders wertvoll sind die verschiedenen Wuchsformen. Denn ähnlich wie bei den sonnenliebenden Geranien *(Pelargonium-*Hybriden) findet man aufrechte und überhängende Wuchstypen. So kann man einen

Blattstrukturen beleben den Schatten mit Eleganz.

Als Kübelpflanze hat sich vor allem die mehrjährige Funkie *(Hosta-*Hybriden) einen Namen gemacht. Typisch für diese Staude sind die herzförmigen Blätter mit den parallel verlaufenden Nerven. Die Vielfalt entsteht durch verschiedene Zeichnungen und Randungen des Blattwerks in Gelb, Weiß und verschiedenen Grüntönen. Vor allem weißrandige Funkien sind ein Tipp für den schattigen Balkon. Zusammen mit weiß blühenden Sommerblumen wie Knollenbegonien *(Begonia-*Knollenbegonien-Hybride) entstehen fix sehr elegante Blickfänge.

Auch Efeu-Sorten *(Hedera helix)* haben sich als Topfpflanzen bewährt. Die immergrünen Klettergehölze eignen sich vor allem als überhängende Schönheiten für Kästen und Ampeln.

Wer seinen Balkon fix und pflegeleicht bepflanzen möchte, sollte sich bei den Buntnesseln *(Solenostemon scutellarioides)* umsehen. In modernen Farbkonstellationen werden diese Blattschönheiten angeboten: Die eine Sorte trägt grasgrünes Laub mit dunkelroter Zeichnung, eine andere schwarzrotes oder kupferbraunes mit einem violetten Schimmer. Die Einzelpflanzen werden im Laufe des Sommers kniehoch, sodass man kahle Stellen im Handumdrehen ausschmücken kann.

Vom Charakter her ist ein schattiger Balkon eher ruhig, und so kann man hier mit

Blattschönheiten: kletternde Pfeifenwinde und malerische Funkien.

abwechslungsreichen Kasten sogar ausschließlich mit Fuchsien bepflanzen. Auch als Hochstämmchen werden die Pflanzen angeboten. Diese verholzten Exemplare können im kühlen Keller überwintern. Fuchsien entwickeln sich nach der Pflanzung ganz fix. Haben sich Früchte gebildet, weil man die welken Blütenstände nicht abgezupft hat, kommt die Neubildung der Knospen ins Stocken. Sowie man die kleinen schwarzgrünen Beeren ausgeknipst hat, setzt sich die Blütenpracht unvermindert fort.

Begonien verwöhnen
den Schatten nicht nur mit Farbe und Vielfalt, sondern auch mit einer enormen Blütengröße. An erster Stelle stehen die Knollenbegonien (*Begonia*-Knollenbegonien-Hybriden). Die gefüllten Blüten können mandarinengroß werden und sitzen dicht nebeneinander an den Trieben. Man kann sie als aufrechte oder leicht überhängende Pflanze verwenden. Wer gerne etwas gärtnert, der kauft im zeitigen Frühjahr Knollen und legt sie in die Gefäße. An einem geschützten Ort treibt man die Pflanzen vor, sodass sie dann zu den Eisheiligen bereits ausgetrieben sind. Wer sich die Mühe sparen will, kauft Mitte Mai blühende Ampeln oder Töpfe für den Balkonkasten. Mit der Pracht können vor allem Fleißige Lieschen (*Impatiens walleriana*) mithalten.

Während die gefüllten Sorten der Knollenbegonien lieblich wirken und an Rosen erinnern, bringt die Sorte 'Dragon Wing' Temperament ins Spiel. Die Blüten sind deutlich kleiner, die straffen Triebe stehen jedoch in verschiedenen Richtungen und sind locker besetzt mit den korallenroten Blüten. Als Partner eignen sich die pflegeleichten *Impatiens*-Neuguinea-Hybriden mit ihren dichten, kompakten Blütenständen.

Als Lückenfüller haben die Begonien auch einige Schönheiten anzubieten. Eisbegonien (*Begonia semperflorens*) bilden kleine Büsche, die sich für eine Unterpflanzung von Fuchsien-Hochstämmchen bestens eignen.

Die schönsten Pflanzen für den Schatten und Halbschatten

Name	Begonie (*Begonia*-Hybride 'Dragon Wing')	Stehende Knollenbegonie (*Begonia*-Knollenbegonien-Hybriden)	Fuchsie (*Fuchsia*-Hybriden)	Edellieschen (*Impatiens*-Neuguinea-Hybriden)	Fleißiges Lieschen (*Impatiens walleriana*)	Buntnessel (*Solenostemon scutellarioides*)
Höhe	30–50 cm	25–45 cm	25–60 cm	25–30 cm	20–30 cm	30–60 cm
Bemerkungen	Sparrige, überhängende Triebe mit großen, glänzenden Blättern, korallenrote, kleine Blüten in locker verzweigten Trauben an den Trieben. Regenschutz, damit Mehltauerkrankungen vermieden werden. Daher auch die Blätter beim Gießen nicht benetzen.	Aufrechte Büsche mit großen, meist gefüllten Blüten in Gelb, Rot, Orange, Weiß und Rosa. Sind die Triebe dicht mit Blüten besetzt, stützt man sie mit Hölzchen, die man daneben in die Erde steckt. Windgeschützte Plätze bevorzugen. Pflanzen nicht überbrausen, nur die Erde befeuchten.	Kleine Büsche, die an geschützten, zum Beispiel kühlen und dunklen Plätzen auch überwintert werden können. Kleine Blütenglöckchen mit länglicher bis rundlicher Form. Zwei Blütenblattkreise, die unterschiedlich gefärbt sein können. Sowohl aufrechte als auch überhängende Sorten.	Kleine Büsche mit glänzend grünen, zum Teil auch rötlich gefärbten Blättern. Zahlreiche runde Blüten mit einem langen Sporn in Rosa, Rot, Orange, Weiß oder Violett, zum Teil zweifarbig. Die Pflanzen sind kälteempfindlich. Beim Düngen nur niedrige Dosierungen verwenden, da die Wurzeln salzempfindlich sind.	Kleine, aufrechte Büsche, die reich verzweigt sind. Rasch wachsend und zuverlässig reich blühend, erholen sich rasch nach einer Blühpause. Blüten in Rosa, Weiß und Rot, mitunter auch rosenartig gefüllt. Putzen sich selber aus. Stehen die Pflanzen unter freiem Himmel, sollten die welken Blüten ausgezupft werden.	Blattschmuck-Schönheiten, die man auch von der Fensterbank kennt. Verzweigte Büsche, Blätter rot und grün gezeichnet. Moderne Sorten tragen zum Teil poppige Farben und sogar schwarzrote Blätter. Zur optimalen Ausfärbung der Blätter benötigt man einen nicht zu sonnigen, aber hellen Standort.

Naschkatzen

Bei diesen Köstlichkeiten kann niemand widerstehen

Zwischen Sonnenhut, Mehlsalbei und Sonnenblumen warten rote und gelbe Cocktailtomaten auf die Ernte.

Selber ernten macht Spaß, und es geht doch nichts über eine frisch gepflückte, zuckersüße Erdbeere. In der Stadt ist dieses Erlebnis selten geworden. Die Züchter haben dies erkannt und eine

wundervolle Palette an Obst- und Gemüsesorten gezüchtet, die auf dem Balkon gedeihen. Von Tomaten über Äpfel bis hin zu Johannisbeeren reicht die Auswahl für den Balkongärtner, der gerne mal nascht.

Während man im Frühjahr noch auf die eigentliche Sommerbepflanzung wartet, kann man in den Kästen bereits **Radieschen** säen. Am besten nimmt man eine gute Balkonblumenerde und legt die Samenkörner drei bis fünf Zentimeter tief. Die Keimung wird beschleunigt, wenn man die Kästen mit einem Vlies abdeckt. Es verhindert starke Temperaturschwankungen und sorgt für eine höhere Keimtemperatur. Stehen die Keimlinge sehr dicht, zieht man jeden zweiten Sämling heraus. Nun heißt es drei bis vier Wochen Geduld haben, dann

kann man sich das knackige Wurzelgemüse zum Abendbrot frisch aus dem Kasten ernten.

Nach dem schmackhaften Auftakt kann man in die Balkonbepflanzung so manche Köstlichkeit integrieren. Die blauen Blüten des Männertreus (*Lobelia erinus*) leuchten malerisch vor dem rotlaubigen Eichblattsalat. Zwischen den weißen Blüten von Hängegeranien (*Pelargonium*-Peltatum-Hybriden) sehen die ersten grünen und später roten Cocktailtomaten wie Perlen aus Koralle aus. Wer »Insalata caprese« liebt, der sollte die Lücken mit zwei Basilikumpflanzen (*Ocimum basilicum*) füllen.

Das Angebot an Tomatensorten ist breit gefächert und man findet nicht nur verschiedene Formen und Farben, sondern auch spezielle Sorten für Balkongärtner. Zum einen sind die buschigen Strauchtomaten ideal für die Kultur im Kübel. Meist ist sogar das Ausgeizen (Ausbrechen von Nebentrieben) überflüssig. In Ampeln werden Cocktailtomaten mit hängenden Trieben gezogen. Die dicht mit Früchten besetzten Rispen reifen in der warmen Sommersonne und wachsen einem quasi in den Mund.

immer öfter. Statt eines Hochstämmchens von Margerite oder Kartoffelstrauch kann man beispielsweise eine rote Johannisbeere pflanzen. Die kleine Krone hängt im Juli voller Rispen mit reifen Beeren.

Bei Äpfeln, Birnen und Pfirsichen ist es wichtig, dass man Bäumchen mit einer schwach-

wachsenden Unterlage wählt. Das Astgerüst kann man wie bei einem Spalierbaum Platz sparend auf einzelne Triebe reduzieren. Weinreben entfalten ihre Triebe prächtig an sonnig stehenden Rankgerüsten und stellen gleichzeitig einen herrlichen Sichtschutz dar.

Erdbeeren verlocken zum

Naschen. Bei den roten Köstlichkeiten hat sich für den Balkongärtner allerhand getan. So gibt es zum Start der Balkonsaison in jedem Gartencenter fertige Ampeln mit Balkonerdbeeren. Meist hängen schon viele grüne Früchte an den Fruchtständen. Wichtig bei der Sortenwahl ist die Dauer des Tragens. Mittlerweile gibt es Sorten, die vom Frühsommer bis zum Herbst blühen und fruchten, ganz ähnlich wie die Walderdbeeren (Fragaria vesca). Letztere haben zwar nur sehr kleine Früchte, doch hinsichtlich des Aromas sind sie deutlich überlegen. Walderdbeeren kann man in die Balkonbepflanzung als buschige Pflanzen integrieren oder einzelne Töpfe auf einem Wandregal aufstellen.

Obstgehölze, die sich für die Kultur im Kübel eignen, findet man

Im Vorbeigehen ein paar Früchte ernten

1. **Tomaten in Hülle und Fülle** Unermüdlich blühen und fruchten Tomaten den ganzen Sommer.

2. **Ein Erdbeerfest** Auf Säulen, in Ampeln und Regalen sehen Erdbeeren dekorativ aus.

3. **Sonnengereifte Pfirsiche** Wie eine Kübelpflanze wird der Pfirsichbaum gehalten.

Nutzpflanzen – gute Sorten für Kübel und Kästen

- Apfel: Obst-Zwerge®, Ballerina®
- Birne: Säulenbirne 'Concord'
- Erdbeeren: Hängeerdbeeren, 'Mountainstar', 'Arcadia'®
- Johannisbeere: 'Rovada' (rot), 'Blanka' (weiß)
- Kirsche: Säulen-Süßkirsche 'Sylvia', Zwerg-Sauerkirsche
- Pfirsichbaum: Obstzwerge®
- Pflücksalat: 'Lollo Rosso', 'Lollo Bionda'
- Stachelbeere: 'Invicta', 'Remarka'
- Tomate: 'Balkonstar', 'Minibel', 'Yellow Pear'
- Walderdbeeren: 'Rügen', 'Jubilar'
- Weintraube: 'Arcadia'®, Robustarebe blau und weiß

Feine Delikatessen
aus der eigenen Ernte

Kleinfrüchtige Auberginen sind eine Delikatesse in der mediterranen Küche. Sie reifen in Kübeln auf dem Balkon.

Die feine Küche kennt

so manche Köstlichkeit, die man auf dem Markt nur schwer bekommt. Gelbfrüchtige Tomaten, ungewöhnliche Peperoni und buntstieligen Mangold entdeckt man nur in Ausnahmefällen. Wer einen sonnigen Balkon hat, kauft sich im Frühjahr Samen oder Jungpflanzen der Spezialitäten und integriert sie in die Balkongestaltung. Mangold und seltene Pflücksalate werden zu Blattschmuckpflanzen. Tomaten unterstreichen die Farbstimmung im Kasten. Auberginen und Artischocken wachsen im Kübel und füllen mit ihrem buschigen Wuchs Ecken und Lücken.

Frische Kräuter verfeinern

die Sommerküche. Besonders reich und kräftig ist das Aroma, wenn man die Blätter frisch erntet. Daher sollte man immer etwas Platz für Rosmarin (*Rosmarinus offi-*

cinalis), Basilikum (*Ocimum basilicum*) & Co. bereithalten. Die vorgezogenen Töpfe werden in jedem Frischemarkt angeboten. Auf einem Regal oder auf einer Etagere nehmen die Einzeltöpfe fix Platz. Man stellt sie in Übertöpfe oder pflanzt sie in schlichte Tongefäße, die auf einem Untersetzer platziert werden. Sie können aber auch einen Hanging Basket (siehe Seite 38 f.) mit frischen Würzkräutern begrünen.

Zum Pflichtprogramm zählen neben den genannten Arten Thymian (*Thymus vulgaris*), Salbei (*Salvia officinalis*), Schnittlauch (*Allium schoenoprasum*), Petersilie (*Petroselinum crispum*) und Zitronenmelisse (*Melissa officinalis*). Für die Kür in der Gourmetküche sollte man ein oder zwei Minz-Arten (*Mentha × piperita, Mentha suaveolens*), Estragon (*Artemisia dracunculus*), Dill (*Anethum graveolens*), Kerbel (*Anthriscus cerefolium*) und Zitronenbasilikum (*Ocimum americanum*) einplanen.

Als optische Verfeinerung der Speisen bieten sich Blüten an. Borretsch (*Borago officinalis*) macht sich mit seinen blassblauen Blüten auf der Suppe beliebt. Ringelblumen (*Calendula officinalis*) und Kapuzinerkresse (*Tropaeolum majus*) mischt man unter den Salat oder richtet sie auf dem Tellerrand an.

◄ Bunte Stiele

Nur wenige, fast vergessene Gemüsearten haben in den letzten Jahren eine solche Renaissance erlebt wie der Mangold. Das Blattgemüse, das dem Spinat ähnelt, trägt seine glänzenden, dekorativ gefurchten Blätter auf knallroten, rosafarbenen oder gelben Stielen. Im Kochtopf verwässern die Farben schnell, aber in der Balkongestaltung tun sie sich als Hingucker und Farbverstärker angenehm hervor.

▼ Topf-Salat

Setzlinge von Pflücksalaten gibt es im Frühjahr auf dem Wochenmarkt. Dort findet man so manche ausgefallene Sorte. Besonders zu empfehlen sind die rotblättrigen Köpfe von Eichblattsalat und Lollo Rosso, denn sie werden von Blattläusen gemieden. Man kann einen reinen Salatkasten pflanzen oder einzelne Köpfe als Blattschmuck zwischen die Blütenpflanzen setzen. Schießen die Rosetten in die Höhe, werden sie zum Blickfang.

▲ Fürs Auge

Die Blüten der Kapuzinerkresse *(Tropaeolum majus)* sind essbar. Sie bringen eine angenehme Schärfe an bunte Sommersalate. Zugleich sieht eine Käseplatte oder eine kalte Suppe gleich viel ansprechender aus, wenn sie einige Blüten zieren. Die Pflanzen wachsen überhängend. Sie werden nur mäßig gedüngt, weil sie sonst ins Kraut schießen und man vergeblich auf ein rotes, orange- oder cremefarbenes Blütenmeer wartet.

► Wie Lampions

Die Früchte dieser strauchig wachsenden Peperoni *(Capsicum baccata)* sehen aus wie kleine Lampions oder hängende Tulpen. Dadurch verbreitet die Pflanze eine extravagante Note. Für die Kultur ist es wichtig, dass die Peperoni einen warmen Platz erhält, wobei man eine etwas luftige Ecke bevorzugen sollte. In der trockenen, sich stauenden Hitze an der Hauswand werden die Blätter anfällig für Schädlinge wie Spinnmilben.

Balkon für Kids

Ein Paradies zum Spielen, Entdecken und Lernen

Die Biergartengarnitur für Kinder ist rasch aufgebaut, wenn die Freundinnen zum Malen, Basteln und Spielen vorbeikommen.

Kindern macht es Spaß zu sehen, wie Blumen wachsen und blühen. Sie sind neugierig und entdecken die Welt mit ihren Augen. Und natürlich gibt es im Sommer nichts Schöneres, als im Freien zu spielen. Der Balkon wird also schnell zum Kinderparadies. Hier wachsen die selbst gesäten Sonnenblumen (*Helianthus annuus*) heran. Doch bis sie blühen, dauert es viele Wochen. Also setzt man zu den noch jungen Schönheiten ein paar Husarenknöpfchen (*Sanvitalia procumbens*), deren Blüten wie Mini-Sonnenblumen aussehen. Kokardenblumen (*Gaillardia*) passen ebenfalls gut zu diesem Mix. Ihre Blütenblätter sind braunrot geflammt. Ringelblumen (*Calendula officinalis*) keimen schnell aus Samen, und auf die Blüten muss man nicht lange warten.

Und dazwischen setzt man in den Blumenkasten Cocktailtomaten. Es gibt diese Köstlichkeiten mit rotem und gelbem Fruchtfleisch. Für die Racker ist es eine spannende Sache zu sehen, wie die Früchte allmählich reifen.

Natürlich macht es Spaß, die Sinne kennen zu lernen. Daher sollte man duftende Hängepetunien (*Petunia*-Surfinia-Hybriden) pflanzen. In die Trichter kann man immer mal die Nase stecken und entdecken, dass die Blüten abends viel intensiver duften als mittags. Auch Duftwicken (*Lathyrus odoratus*), die an einem Rankgerüst aus Haselnussruten emporklettern, sind hitverdächtig. Sie zählen zu den Pflanzen, die man im Frühling bereits auf der Fensterbank aus dicken Samenkörnern heranziehen kann.

Zum Fühlen eignet sich das Federborstengras (*Pennisetum setaceum*). Wenn im Hochsommer die Blütenstände erscheinen, macht es Spaß, sie zu streicheln. Die weichen Grannen sitzen so dicht wie bei einem Tierfell.

Eine Herausforderung

für die Gestaltung des Kinderbalkons stellt die Aufteilung dar. Natürlich sollen die Kinder ihren festen Platz zum Spielen haben. Gleichzeitig möchte man ein Eckchen erhalten, das dem gemeinsamen Essen und der abendlichen Gemütlichkeit vorbehalten ist. Je kleiner der Balkon, desto schwieriger wird die Aufteilung. Wichtig ist, dass man bei Platzmangel die Pflanzflächen in erster Linie auf das Geländer beschränkt. Auf Wandregalen und in hängenden Ampeln kann man Lieblingspflanzen unterbringen.

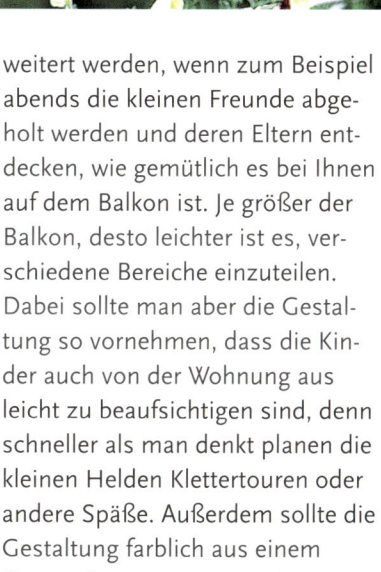

Das macht Kindern Spaß

1. **Bunter Kasten**
   Der Balkonkasten wird mit einer bunten Blende geschmückt.

2. **Ferien-Spielplatz**
   Abenteuer unter dem Sonnensegel, das an Bambusstangen gebunden wird.

3. **Mini-Windsäcke**
   Sie flattern im Wind und verbreiten Fröhlichkeit.

weitert werden, wenn zum Beispiel abends die kleinen Freunde abgeholt werden und deren Eltern entdecken, wie gemütlich es bei Ihnen auf dem Balkon ist. Je größer der Balkon, desto leichter ist es, verschiedene Bereiche einzuteilen. Dabei sollte man aber die Gestaltung so vornehmen, dass die Kinder auch von der Wohnung aus leicht zu beaufsichtigen sind, denn schneller als man denkt planen die kleinen Helden Klettertouren oder andere Späße. Außerdem sollte die Gestaltung farblich aus einem Guss sein.

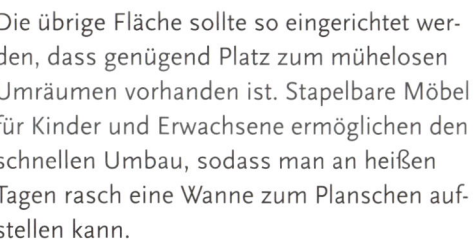

Die übrige Fläche sollte so eingerichtet werden, dass genügend Platz zum mühelosen Umräumen vorhanden ist. Stapelbare Möbel für Kinder und Erwachsene ermöglichen den schnellen Umbau, sodass man an heißen Tagen rasch eine Wanne zum Planschen aufstellen kann.

Während man für die Kinder stabile Tische und Bänke bevorzugt, kann mit Hilfe von Klappstühlen die Runde auf dem Balkon er-

Lustiges Beiwerk darf

im Sommerparadies der Kinder nicht fehlen. Bunte Windräder, flatternde Windsäcke und bunte Balkonkästen werden gemeinsam gebastelt. So fühlen sich die Kinder auf dem Balkon wohl. Gleichzeitig ist es ganz wichtig, dass man immer einen guten Sonnenschutz als Schattenspender parat hat.

Balkon für Pendler

Wenn die Zeit zur täglichen Pflege nicht reicht

Wenn der Job mit vielen Reisetätigkeiten verknüpft ist, sehnt man sich gerade am Wochenende nach einer lauschigen Oase, in der man sich zu Hause fühlt. Pflanzen sorgen für Atmosphäre, aber die Sache hat natürlich einen Haken. Wer gießt die Schönheiten, wenn man unterwegs ist? Mal eine Woche geht das ja gut, aber als Single sollte man die Nachbarschaftshilfe vielleicht nicht ständig für solche Dinge strapazieren. Dennoch muss niemand auf Pflanzen verzichten, denn es gibt eine ganze Reihe von Arten, die relativ problemlos eine kleine Trockenphase überstehen. Ihnen gibt man natürlich den Vorzug.

Wer nicht täglich gießen kann, wählt entsprechend robuste Schönheiten aus.

Die Glaskugeln sind nicht nur dekorativ, sondern ein idealer Wasserspender, wenn man nicht jeden Tag gießen kann.

Für die Pflanzen, die einem sehr am Herzen liegen, die aber vielleicht nicht ganz so gut mit der Trockenheit klar kommen, gibt es noch ein paar Tricks (siehe Tipp rechts), und man stellt sie während der Abwesenheit in den Schatten, damit die Erde in der prallen Sonne nicht so schnell austrocknet.

Man kann sich aber auch die Eigenschaften der Pflanzen zunutze machen. Die so genannten Sukkulenten können nämlich in ihren Stängeln und Blättern Wasser für eine Trockenperiode speichern, ähnlich wie man es von den Kakteen kennt. Portulakröschen *(Portulaca grandiflora)* und die ornamentalen Rosetten der Echeverien *(Echeveria)* überstehen vorübergehende Trockenheit problemlos. Graues Laub wie beim Currykraut *(Helichrysum italicum)* ist ein Zeichen für große Trockenheitstoleranz.

Eine ganze Reihe von Sommerpflanzen sind so robust, dass man mit ihnen schöne Kombinationen zusammenstellen kann. Geranien (*Pelargonium*-Hybriden) zum Beispiel lieben es warm und trocken. Lässt man den Wurzelballen nicht abtrocknen, werden die Pflanzen blühfaul. Also sind zwei, drei Tage Abwesenheit kein Problem – schon gar nicht, wenn der Balkon um die Mittagszeit nicht in der prallen Sonne liegt. Die Vielfalt der Wuchsformen und Blütenfarben bringt den Blütenzauber auf den Balkon. Immer öfter findet man Geranien auch als Säule oder Hochstamm gezogen, sodass Ecken zum blütenreichen Blickfang werden. Aber auch die weiße Schnee-

flockenblume (*Sutera diffusus*) verträgt vorübergehende Trockenheit. Bei dieser Schönheit kann man beobachten, dass sie sich rasch und gut erholt, wenn sie wirklich einmal richtig welk und trocken geworden ist. Ganz ähnlich verhält es sich bei Goldzweizahn (*Bidens ferulifolia*) und Dukatenblume (*Asteriscus maritimus*). Sie eignen sich gut für sonnige Stimmungen. Dazwischen kann man noch das einjährige Federborstengras (*Pennisetum setaceum*) pflanzen, das im Hochsommer lange flauschige Blütenstände treibt.

Eine geringere Stückzahl an Pflanzen

macht auch weniger Mühe. Um der

Gestaltung Volumen zu geben, ist eine Etagere oder ein Arrangement aus Holzkisten zu empfehlen. Man gibt so der einzelnen Pflanzen mehr Platz, um sich zu entfalten. Zugleich steht den Wurzeln mehr Raum zur Verfügung, und man kann besser auf die individuellen Bedürfnisse der Pflanzen eingehen.

87

TIPP

Tricks beim Gießen

Vor der Abreise sollte man ganz gründlich wässern. Die Untersetzer sind gut zu füllen, damit die Pflanzen zunächst einen Vorrat haben. Außerdem kann man dekorative Wasserkugeln wie im Bild Seite 86 in die Erde stecken. Rückt man Kübel und Töpfe dicht zusammen, schattieren sie sich gegenseitig und brauchen weniger Wasser. Nach der Rückkehr taucht man sehr trockene Ballen in einer Wanne, damit sich das Substrat wieder voll saugt.

Pflegeleichte Balkonpflanzen

Name	Goldtaler, Dukatenblume (*Asteriscus maritimus*)	Goldzweizahn (*Bidens ferulifolia*)	Currykraut (*Helichrysum italicum*)	Hängegeranie (*Pelargonium*-Peltatum-Hybriden)	Aufrechte Geranie (*Pelargonium*-Zonale-Hybride)	Portulakröschen (*Portulaca grandiflora*)
Höhe	25–30 cm	50–60 cm	15–25 cm	25–50 cm	20–50 cm	10–25 cm
Bemerkungen	Hübscher Korbblütler mit goldgelben Blüten. Die Triebe hängen leicht über mit kräftigen, fast drahtigen Stielen; Blüten bis in den Herbst. Verträgt Hitze in der prallen Sonne, kurzzeitige Trockenheit von einem Tag übersteht die Pflanze problemlos. Eignet sich auch für Ampeln.	Wüchsige Pflanze mit überhängenden Trieben. Eine einzelne ganze Pflanze füllt problemlos eine Blumenampel. Kleine Blütensterne in Goldgelb bis in den späten Herbst. Gedeiht auch im Halbschatten. Verträgt einen kräftigen Rückschnitt.	Aufrechter Halbstrauch mit nadelartigen, silbrigen Blättern, die herbwürzig duften. Braucht wenig Dünger und verträgt vorübergehende Trockenheit. Sorgt für mediterranes Flair. Entspitzen der Triebe fördert die Verzweigung und den buschigen Wuchs.	Sparrig verzweigte Büsche, die überhängen. Glatte Blätter und lange gestielte, lockere Blütendolden mit zierlichen Blüten, die wie Farbkleckse über dem Blattwerk stehen. Verträgt kurzfristige Trockenheit. Blütenstiele nach dem Verblühen ausbrechen.	Aufrechte, verzweigte Büsche mit meist rauen Blättern. Blütendolden auf kräftigen Stielen, sehen meist aus wie ein Paukenschläger. Blüten von Weiß über Rosa, Lachs bis Rot. Erde immer wieder abtrocknen lassen. Welke Blütenstände ausbrechen.	Pflanze mit niederliegenden Stängeln und kleinen fleischigen Blättern. Einzelblüten können bis zu 6 cm Durchmesser haben, mit seidenartigen Blütenblättern in Rosa, Gelb, Orange, Rot, Weiß. Braucht einen warmen, sonnigen Standort.

Frühling

Mit der Sonne steigt die Lust auf bunte Blütenpracht

Rote Tulpen, weiße und gelbe Narzissen, duftende Hyazinthen und gelbe Hornveilchen verzaubern den Frühlingsbalkon.

(Buxus sempervirens) und Trauerweiden (Salix) leisten gute Dienste. Eine ganz fixe Alternative besteht darin, dass man in zwei Terrakottatöpfe große Sträuße aus langen Frühlingszweigen stellt.

Eine Jardiniere mit einem bepflanzten

Blumenkasten leistet gute Dienste. Die Blütenfülle wird gesteigert, und damit die erfrischende Buntheit. Der Vorteil eines solchen Möbels ist, dass man es leichter umstellen kann als einen schweren Kübel. Außerdem lässt es sich im Sommer entweder frisch bepflanzen oder bei Bedarf in den Keller räumen, um dadurch Platz für die sommerliche Gestaltung zu schaffen.

Die Saison des Balkongärtners

beginnt zwar erst Mitte Mai, aber bis dahin gibt es schon viele angenehme Sonnenstunden, die zu einer Pause im Freien einladen. Außerdem hat man vor allem nach dem graubraunen Einerlei des Winters jetzt wieder Lust auf ein paar bunte Farbtupfer, sodass es richtig gut tut, der Frühlingsidylle einen Raum zu geben. Natürlich wird man im Frühling nur eine kleine Insel durchstylen, um den Auf-

wand und die Kosten in Grenzen zu halten. Im Mittelpunkt einer solchen Gestaltung steht ein Balkonkasten mit den typischen Blütenschönheiten des Frühlings. In die Nähe rückt man zwei Stühle und einen kleinen Tisch. Nun besteht die Kunst darin, dieses Eckchen lauschig zu gestalten, ohne dass es auf dem Balkon verloren wirkt. Hilfreich hierbei sind zwei, drei Kübel mit Gehölzen, die sich wie ein Paravent um die Sitzgruppe aufbauen. Kegelförmig geschnittener Buchsbaum

Nutzt man für die Frühlingsinsel eine der Ecken des Balkons, so sollte man darauf Wert legen, dass an der Wand einige Regale hängen oder ein Standmodell davor lehnt. So kann man der kleinen Symphonie das Gefühl von Üppigkeit verleihen. Dazu stellt man noch ein paar Narzissentöpfe (Narcissus-Hybriden), Primeln (Primula vulgaris) oder Hornveilchen (Viola cornuta) auf. Sie lassen sich rasch austauschen, wenn sie verblüht sind. Weil sie reich blühen, braucht es dazu nur einige wenige Einzeltöpfe.

▼ Ostergelb

Tulpen (*Tulipa*-Hybriden) und Narzissen (*Narcissus*-Hybride) in sattem Sonnengelb ergänzen sich gut. Im Vordergrund sorgen Hornveilchen (*Viola cornuta*) für etwas Abwechslung: Die weiß blühenden schenken der Situation Helligkeit, die orangefarbenen Blüten schaffen eine Verbindung zu den Narzissen mit dunkler Mitte.

◄ Märzenblau

Blausternchen (*Scilla bifolia*), Traubenhyazinthen (*Muscaria armeniacum*), Hornveilchen (*Viola cornuta*) und Primeln (*Primula vulgaris*) schmücken den blauen Frühlingsbalkon. Als kleiner Kontrast mischen sich ein paar gelbblau gezeichnete Gesichter der Mini-Stiefmütterchen (*Viola*-Wittrockiana-Hybriden) in diese dichte Blütenwolke.

Frisch in den Frühling

Zwiebelblumen spielen jetzt eine Hauptrolle. Tulpen, Narzissen, Hyazinthen und Co. geben den Ton in der Kastengestaltung an. Nur als zarter Kontrast oder Aufheller mischen sich hie und da ein paar anders gefärbte Blüten dazwischen. Die Gestaltungen werden recht dicht gepflanzt. Im Hintergrund die langstieligen Frühlingsblüher und im Vordergrund die kleinen, buschig verzweigten Arten. So entstehen kräftige Farbtupfer, die nicht nur dem Balkon eine frische Note geben, sondern auch den Blick nach draußen bestimmen.

► Zartlachs

Die kolbenförmigen Blütenstände der Hyazinthen (*Hyacinthus orientalis*) verknüpfen sich mit den Narzissen (*Narcissus*-Hybriden), deren Innenkrone die gleiche Farbe hat. In strahlendem Weiß leuchten die gefüllten Maßliebchen (*Bellis perennis*). Ein Saum aus blauen Strahlen-Anemonen (*Anemone blanda*) bildet den Abschluss.

▲ Tulpenrosa

Lieblich und verspielt wirken die kurzgestielten Tulpen (*Tulipa*-Hybriden) zusammen mit den gefüllten Maßliebchen (*Bellis perennis*). Dazwischen breiten sich Schleifenblumen (*Iberis sempervirens*) mit weißen Blüten aus und sorgen für optische Tiefe. Die immergrünen Efeu-Ranken geben der rosaroten Wolke Halt.

Der Frühling hat verschiedene Phasen. Die

Anfänge sind sehr zart und leise: Schneeglöckchen *(Galanthus nivalis)* und Duftveilchen *(Viola odorata)* bestreiten den Auftakt. Es tut gut, wenn man diese Vorboten der neuen Saison in einigen Töpfen hat. Schneeglöckchen sollte man bereits im Herbst gepflanzt haben, denn nicht immer werden sie in Töpfen angeboten. Auf dem Balkontisch kann man die Entwicklung und damit das Ende des Winters gut beobachten. Schon mit einer hübschen Tischdecke, einer kleinen Büste und einem gläsernen Kerzenleuchter entsteht eine harmonische Gruppe.

Etwa Anfang März ruft dann der Balkon nach Frische. Ein gründlicher Putz, ein paar frisch bepflanzte Gefäße und die lauschig

angeordnete Sitzgruppe verkünden die neue Saison. Die Tischdecke sollte unbedingt die Farben der Bepflanzung aufgreifen. Der Stoff hängt lang herunter. Wer ein Faible für Sinnliches hat, legt einen Streifen farbigen Organzagewebes auf eine schlichte weiße Tischdecke. Das duftige Material fällt anmutig. Mit ein, zwei kleinen Figuren von Blumenelfen

und Schleifenbändern, die man zwischen die Blüten steckt, wird die Dekoration perfekt abgerundet.

In den nächsten Wochen füllt

sich der Balkon. Die Knospen der Zwiebelblumen zeigen immer mehr Farbe, und beim Blumenhändler feiert man Wiedersehen mit typischen Pflanzen der Saison: mit Vergissmeinnicht *(Myosotis sylvatica)* und Traubenhyazinthen *(Muscari armeniacum)* in klaren Blautönen, Ranunkeln *(Ranunculus*-Hybriden) in leuchtenden Bonbonfarben und duftenden Hyazinthen *(Hyacinthus orientalis).*

Allmählich füllen sich die Regale an den Wänden, wenn man sich den einen oder anderen Topf statt eines Blumenstraußes kauft. Grundsätzlich ist dabei nur zu beachten, dass die Farben zum eigentlichen Thema passen. Wird die Dekoration zu bunt, verfehlt man die gewünschte Wirkung.

Willkommen in der neuen Saison

1. **Blüten an der Wand**
   Bunte Farbtupfer als Thema
   für die Frühlingsdekoration.

2. **Fixe Blüten im Frühling**
   Primeln verzaubern den Balkon
   im Handumdrehen.

3. **Weiße Symphonie**
   Tulpen, Narzissen, Hyazinthen
   und Frühlingsknotenblume.

Das Repertoire der

der frühlingsblühenden Zwiebelblumen ist breit gefächert. Allein Tulpen (*Tulipa*-Hybriden) und Narzissen (*Narcissus*-Hybriden) werden in unzähligen Arten und Sorten angeboten. Besonders groß ist die Auswahl im Herbst. Es lohnt sich, die Zwiebeln selber zu legen und anzutreiben. Was bei der Pflanzung im Herbst zu beachten ist, lesen Sie auf Seite 104. Hinsichtlich der Pflege vom Herbst bis zum Frühling muss man wenig machen. Das Wichtigste ist, dass die Töpfe bei frostfreiem Wetter gegossen werden, sonst kommt die Entwicklung der Blüten ins Stocken. Hinsichtlich der Auswahl kann man Kaiserkronen (*Fritillaria impe-*

rialis), Frühlingsknotenblume (*Leucojum vernum*) und verschiedene Formen des Zierlauchs (*Allium*) auswählen. Highlights für das zeitige Frühjahr sind Netziris (*Iris reticulata*), die ihre großen lilablauen Schwertlilienblüten schon Anfang März auf kurzen Stängeln präsentieren.

Man kann die Zwiebeln

und Knollen im Herbst in die endgültigen Gefäße legen. Allerdings muss man sich dann über das Konzept schon im Klaren sein. Leichter ist es, die Zwiebelblumen nach Arten und Sorten getrennt in alte Plastiktöpfe zu setzen und zu beschriften. Zur Pflanzung im Frühjahr sucht man sich das Passende

zusammen und setzt es fix samt Topf in den Kasten. Das hat den Vorteil, dass man beispielsweise die frühen Narzissen im April durch Tulpen, die später blühen, ersetzen kann, indem man die Plastikcontainer auswechselt. Überzählige Töpfe werden in schmucke Übergefäße gestellt.

Frühling hat etwas Verschwenderisches. Daher macht es besonders viel Freude, in Blüten zu schwelgen. Dazu ein Tipp: Legen Sie Tulpenzwiebeln in einem hohen Topf in drei Etagen übereinander. Die Triebe schieben sich aneinander vorbei, ohne sich zu bedrängen. Öffnen sich die Blüten, dann wirkt das Gefäß wie ein dichter Blumenstrauß.

Blumen für den Frühlingsbalkon

Name	Maßliebchen (*Bellis perennis*)	Traubenhyazinthe (*Muscari armeniacum*)	Vergissmeinnicht (*Myosotis sylvatica*)	Mini-Narzisse (*Narcissus cyclamineus* 'Tête-à-Tête')	Kissenprimel (*Primula vulgaris*)	Tulpe (*Tulipa*-Hybriden)	Hornveilchen (*Viola cornuta*)
Höhe	15–20 cm	20–25 cm	15–30 cm	10–25 cm	10–15 cm	15–50 cm	10–20 cm
Bemerkungen	Zweijährige Pflanze mit Blüten, die wie große Gänseblümchen aussehen. Einfache, halbgefüllte oder gefüllte Blüten von März bis Mai. Für sonnige bis halbschattige Plätze. Welke Blüten regelmäßig aus den frischgrünen Blattrosetten herauszupfen.	Duftende, kobaltblaue Blütentrauben im April und Mai an kräftigen Stielen. Für sonnige bis halbschattige Plätze. Wer verpasst hat, die Zwiebeln im Herbst zu legen, kaufe sich im Frühjahr im Fachhandel Töpfe mit vorgetriebenen Zwiebeln.	Zweijährige Pflanze mit typischen Vergissmeinnichtblüten in Blau, Weiß oder Rosa, blüht von März bis Mai. Für sonnige bis halbschattige Plätze. Ideal zur Unterpflanzung von Weidenhochstämmchen und anderen frühlingsblühenden Gehölzen.	Osterglocken en miniature mit zahlreichen Blüten pro Stiel von März bis April. Für sonnige bis halbschattige Plätze. Wer die Zwiebeln im Herbst legt, sollte darauf achten, dass im Winter die Erde gleichmäßig feucht bleibt, sonst entwickeln sich keine Blüten.	Blattrosetten mit bunten Schalenblüten in gestielten Dolden. Blütenfarben von Gelb über Orange, Rot, Violett, Rosa und Weiß, zum Teil mit Auge. Blühende Pflanzen sind im Februar und März im Angebot. Vorsicht, Blätter reizen die Haut.	Gestielte Blütenkelche in verschiedenen Farben: Rot, Gelb, Weiß, Orange, Pink, Schwarzviolett. Je nach Sorte unterscheidet man früh, mittel und spät blühende Sorten. Für Kästen und Töpfe eignen sich die kurzstieligen Sorten, die nicht so leicht umknicken.	Kleine Stiefmütterchen, die bis zur Sommerbepflanzung im Mai unermüdlich blühen. Blüten in Gelb, Weiß, Lila, auch zweifarbig. Hübsch in Ampeln und als Unterpflanzung von Hochstämmchen. Regelmäßige Düngung fördert eine reiche Verzweigung.

Herbst

Ein Fest der Farben als krönendes Ende der Saison

Rund um den Stuhl entsteht Gemütlichkeit durch die blütenreiche Kulisse aus Besenheide und Winterastern.

Im September wird es Zeit für einen

Wechsel in den Gefäßen. Besonders augenfällig wird dieser, wenn man auf dem Balkon eine neue Farbstimmung herbeizaubert. Nach einem violett-blauen Grundton in den Sommermonaten gibt man dem Rosa von Blumensedum *(Sedum telephium)*, Besenheide *(Calluna vulgaris)* und Alpenveilchen *(Cyclamen persicum)* den Vorzug.

Nach der kühlen Eleganz von weißen Blüten in den Sommermonaten bringt eine Mischung aus Goldgelb und Rostrot angenehme Wärme ins Spiel. Diese Farben werden in erster Linie von Winterastern *(Dendranthema*-Indicum-Hybriden) getragen, die es in ganz verschiedenen Größen im Fachhandel gibt. Zusätzlich helfen einige Kürbisse und ein Korb mit rotschaligen Äpfeln, den Farben Leuchtkraft und Intensität zu verleihen.

Blüten in Rosa verkörpern

vor allem den Altweibersommer, also die erste Hälfte des Herbstes. Es ist eine sehr liebliche und zarte Stimmung, die sich breit macht. Anschließend wird es im goldenen Oktober brillanter mit gelben und rostroten Blüten. Der Vorteil besteht darin, dass die warmen Töne Fröhlichkeit verbreiten und den Abschied vom Sommer erleichtern. Die beiden Stimmungen beleben auch schattige Balkone. Wenn man beim Gießen maßvoll ist, gedeihen die Pflanzen problemlos, zumal man sie bereits blühend pflanzt.

Gefüllte Winterastern wirken üppig und spielen sich leuchtend in den Vordergrund.

Blattschmuck mischt sich

im Herbst unter die dichte Blütenpracht. Das hat mehrere Vorteile: Zum einen bleiben die Gestaltungen länger dekorativ, denn im Vergleich zu den Blüten welken

und Blütenschmuck entsteht durch die Färbung und Zeichnung der Blätter. Weiß panaschierter Schöterich *(Erysimum linifolium* 'Variegatum'), gelbgrünes Pfennigkraut *(Lysimachia nummularia)* und gelb gezeichneter Efeu *(Hedera helix)* verleihen einer gelben Pflanzung Helligkeit.

Rotlaubiges Purpurglöckchen *(Heuchera*-Hybriden), Bergenien *(Bergenia*-Hybriden) mit rötlichem Herbstlaub und rot geaderter Ampfer *(Rumex sanguineus)* nehmen rosafarbenen Blüten die zarte Betulichkeit und stärken sie mit einem Hauch Magie. Silbrige Blätter dagegen verbreiten romantisches Flair.

die Blätter der herbstlichen Laubschönheiten nur wenig. Zum anderen lockern Silberkopf *(Calocephalus brownii)*, Greiskraut *(Senecio bicolor)* oder kleinblättriger Zitronenthymian *(Thymus × citriodorus)* die Kombinationen auf. Die dichten Blüten von Astern *(Aster dumosus)* und Alpenveilchen *(Cyclamen persicum)* wirken sehr kompakt. Eine Verknüpfung zwischen Blatt-

Beim Pflanzen der Kästen

sind die Pflanzabstände deutlich geringer als bei einer Sommerbepflanzung, weil sich die Pflanzen nur durch das Öffnen der Blüten ausbreiten. Das eigentliche Breitenwachstum ist abgeschlossen.

Jetzt kann der Herbst kommen

1. **Nicht alltäglich**
   Zu Alpenveilchen und Blumensedum gesellt sich der Blattschmuck des Ampfers.

2. **Bunte Blütenkugeln**
   In Töpfen, Kästen und Ampelgefäßen kommen Winterastern groß raus.

3. **Herbstzauber**
   Schöne Mischung aus Blüten- und Blattschmuck.

Highlights für die dritte Jahreszeit

- Silberblatt *(Ajania pacifica)*
- Kissenaster *(Aster dumosus)*
- Besenheide *(Calluna vulgaris)*
- Silberkopf *(Calocephalus brownii)*
- Winteraster *(Dendranthema-Indicum-Hybriden)*
- Alpenveilchen *(Cyclamen persicum)*
- Moosbeere *(Gaultheria mucronata)*
- Herbstenzian *(Gentiana sino-urnata)*
- Purpurglöckchen *(Heuchera-Hybriden)*
- Federborstengras *(Pennisetum alopecuroides)*
- Blumensedum *(Sedum telephium)*
- Hornveilchen *(Viola cornuta)*

Winter

Schmuck für die kalte Jahreszeit

Von Dezember bis Februar verwaist der Balkon in der Regel. Das Leben spielt sich in der gemütlich beheizten und weihnachtlich dekorierten Wohnung ab. Meist fällt der Blick aber von dort aus auf den Balkon. Ein paar Farbtupfer, dazu stimmige Accessoires werten auch den Blick aus dem Fenster auf. Daher sollte man sich die Mühe machen und fix ein

paar Dekorationen anbringen. Damit sich der Aufwand in Grenzen hält, arrangiert man den Schmuck tatsächlich nur so, dass ein stimmiges Bild entsteht, wenn man aus dem Fenster schaut. Bereiche, die man von der Wohnung nicht einsieht, lässt man unbeachtet. Sind die Balkonkästen sicher aufgehängt, sodass sie auch die Last von Schnee halten können, können sie die Grundstruktur vorgeben.

Diese sternförmigen Windlichter kann man mit speziellen Plasikformen im Gefrierfach des Kühlschranks selbst herstellen.

Lücken, die durch verblühte Winterastern (*Dendranthema*-Indicum-Hybriden) entstanden sind, füllt man mit Koniferenzweigen, die in die Erde gesteckt werden. Sehr hübsch sehen dazwischen einige Äste der Laub abwerfenden Stechpalme (*Ilex verticillata*) aus. Sie sind dicht mit roten Beeren besetzt. Dazu passen breite Schleifen an Blumendraht und Koniferenzapfen steckt man dazwischen.

Immergrüne Gehölze bilden

einen lebendigen Blickfang. Buchsbaum (*Buxus sempervirens*), Scheinzypresse (*Chamaecyparis lawsoniana*) und Zwerg-Kiefern (*Pinus mugo*) bringen in den Wintertagen gleich einen Hauch von Adventsfeeling auf. Sie sollten in frostfesten Gefäßen stehen und auf kleine Latten gestellt werden. So kann Wasser durch das Abzugsloch ablaufen und die Gefäße frieren nicht fest. Um die Gefäße bindet man dekorative breite Schleifen. Das Astgerüst wird mit Lichterketten herausgeputzt. Die Schnüre mit den kleinen Lampen verteilt man gleichmäßig über die Triebe.

Koniferen und eine Girlande versetzen den Balkon in weihnachtliche Stimmung. Farnwedel zieren das Raureifbild.

Wo im Sommer die Kaskaden der Geranien leuchten, schmückt im Winter ein Kranz aus Ilex mit roten Beeren das Geländer.

Wenn es richtig kalt ist,

entstehen quasi über Nacht die schönsten Blickfänge. Dazu braucht man Zapfen, gepresste Herbstblätter und zu Weihnachten vielleicht auch einige Rosenblüten. Nun nimmt man Eimer und Schalen, füllt Wasser hinein und an den den Rändern eines größeren Gefäßes. Nun verhindert man durch eine Holzlatte, die quer über den Eimer gelegt wird, dass der Becher nicht aufgetrieben wird. Später löst man den Becher und stellt ein Teelicht in die Mitte. Für sternförmige Windlichter gibt es beim Floristen spezielle Formen.

Girlanden und Kränze

haben jetzt Hochkonjunktur. Auf einem kleinen Balkon lohnt es sich nicht, extra noch Immergrüne anzuschaffen. Schließlich stören die Pflanzen im Sommer die fröhliche Atmosphäre – sieht man vom Buchsbaum *(Buxus sempervirens)* ab.

Kleine Kränze hängt man an die Wände oder legt sie zusammen mit ein paar Weihnachtskugeln auf den Balkontisch. Größere Kränze dagegen schmücken das Geländer. Schleifenbänder dürfen als Farbtupfer nicht fehlen. Allerdings sollte man zunächst testen, ob die Farbe wasserfest ist. Girlanden kann man auf eine Schnur selbst binden. Man verwendet dicke Sisalschnur und befestigt mit Bindedraht rundherum kleine Sträußchen aus Wacholdergrün, Buchsbaum und Scheinzypresse. Auch Lichterketten lassen sich dazu einflechten. Mit Draht befestigt man die Girlande an der Brüstung.

Mit einer Schleife aus rotem Jutegarn und dicken Zapfen wird der verschneite Herbstkasten fix zur Winterschönheit.

In den Koniferenkranz wird eine Lichterkette eingebunden, die in den Abendstunden die Holzwand beleuchtet.

Rändern die Pflanzenteile, sodass sie später durchscheinen. Wenn die Temperaturen anhaltend unter minus fünf Grad Celsius bleiben, frieren die Gefäße durch. Zum Herauslösen aus den Gefäßen stellt man Eimer und Schalen für eine dreiviertel Stunde in die Wohnung. Verwenden Sie kein heißes Wasser, sonst reißen die Eisblöcke.

Will man Windlichter aus Eis herstellen, so fixiert man einen Plastikbecher mit Tape an

Pflanzen für den Winterbalkon

- Tanne *(Abies koreana)*
- Buchsbaum *(Buxus sempervirens)*
- Korkenzieher-Haselnuss *(Coryllus avellana 'Contorta')*
- Efeu *(Hedera helix in Sorten)*
- Christrose *(Helleborus niger)*
- Zuckerhut-Fichte *(Picea glauca 'Conica')*
- Silber-Fichte *(Picea pungens 'Glauca')*
- Zwerg-Fichte *(Picea abies 'Echiniformis', 'Pygmaea')*
- Zwerg-Kiefer *(Pinus mugo, Pinus pumila 'Nana')*

fix!

Pflanzen & Pflegen

Eine üppige Blüte und gesunde Balkonblumen sind kein Zufall, sondern der Lohn für sorgsam und regelmäßig gepflegte Kästen und Kübel

Grundlagen

Der leichte Weg zum grünen Daumen

Die Balkonsaison beginnt mit einer Pflanzaktion. Es macht richtig Spaß, die Kästen neu zu gestalten.

Es macht viel Freude, die Bepflanzung der Gefäße zu planen und das Freiluftzimmer einzurichten. Doch wenn es an die Umsetzung geht, steht man als Anfänger erst einmal vor einem großen Berg. Wie pflanzt man? Was braucht man alles? Die Angst, Fehler zu machen, ist groß. Das ist verständlich. Die einfachste Lösung heißt: Man überlässt die Pflanzung dem Gärtner. Zusammen mit einem Fachmann bespricht man die Ideen und wählt die Pflanzen aus. Die Gefäße bringt man mit, und dann zahlt man für die Erde und die Dienstleistung einen kleinen Aufpreis, der sich bezahlt macht. Diese Lösung hat einen großen Vorteil: Man kann die Vorbereitungen schon Ende April treffen, der Gärtner präpariert alles und pflanzt, sodass die Gefäße im Schutz der Glashäuser einwachsen. Wenn Mitte Mai der Startschuss fällt, bekommt man ansehnliche Kästen, Ampeln und Kübel.

Will man sich der Herausforderung stellen, dann braucht man nicht nur Pflanzen und Gefäße, sondern auch Blähton und Substrat. Es ist empfehlenswert, ein Qualitätsprodukt zu verwenden. Praktisch sind Kompaktsubstrate im wieder verschließbaren Tragebeutel. Schließlich muss man die Erde bis in die Wohnung tragen. Der Inhalt sollte aus hochwertigen Materialien bestehen, die einen guten Wasserhaushalt unterstützen. Nur wenn das Substrat auch feine Tonkörner und Wasser speichernde Zuschlagstoffe enthält, wird das Gießwasser aufgesogen und gespeichert. Außerdem enthalten Qualitätserden Dünger für die ersten Wochen, manchmal sogar Langzeitdünger.

So eine üppig blühende Blumenampel bieten Gärtnereien im Frühjahr fix und fertig bepflanzt an.

Für Tomaten, Kräuter

und Kübelpflanzen werden Spezialerden angeboten. Als Laie steht man vor der Frage, ob diese verschiedenen Erden wirklich Sinn machen. Wenn man die jeweilige Menge tatsächlich braucht, dann sollte man auch zu diesen Produkten greifen. Die Inhaltsstoffe für Spezialsubstrate werden so zusammengestellt, dass die Pflanzen nicht nur gut gedeihen, sondern man auch wenig Mühe damit hat. Eine Kübelpflanzenerde zeichnet sich zum Beispiel dadurch aus, dass sie viele feinkörnige und strukturstabile Bestandteile enthält. So hält das Substrat länger als ein Jahr und man muss die Pflanzen nicht jedes Jahr in frische Erde umtopfen.

Wer zum Pflanzen

gebrauchte Kästen und Töpfe verwendet, der sollte diese vor dem Bepflanzen gründlich reinigen. Die trockenen Innenwände schrubbt man zunächst mit einer Wurzelbürste aus. Haben sich Kalkränder gebildet, so löst man diese mit Essigessenz an und wischt sie mit einem Schwamm ab. Anschließend spült man die Töpfe nochmals mit klarem Wasser nach. Diese Säuberung hat nicht nur ästhetische Gründe, sondern verhindert, dass sich Krankheitserreger aus dem letzten Jahr auf die Jungpflanzen übertragen. Sporen von Pilzkrankheiten können beispielsweise in den Erdresten überdauern.

Werkzeuge braucht man als

Balkongärtner relativ wenig. Zum Bepflanzen und Umtopfen ist eine **Pflanzwanne** praktisch. Sie ist nach vorne geöffnet, die übrigen drei Seiten haben eine etwa 15 Zentimeter hohe Wand, sodass die Erde nicht herausfällt. Außerdem macht eine **Handschaufel** Sinn, mit der man Erde in die Töpfe füllen kann. Neben einem **Eimer** für Abfall und einer **Gießkanne** sollte man zwei Scheren haben. Eine normale **Rosenschere** hilft beim Rückschnitt von verholzten Trieben, beim Aufschneiden von eingewachsenen Plastiktöpfen und beim Abschneiden langer Wurzeln. Die zweite **Blumenschere** sollte möglichst spitz und zierlich sein, damit man einzelne welke Blütenstiele aus den Pflanzen herausschneiden kann. Dies empfiehlt sich vor allem für Strauchmargeriten (*Argyranthemum frutescens*) und Rosen (*Rosa*-Hybriden). Sparrige und kletternde Triebe werden mit **Bast** oder **Blumendraht** an den Spalieren, Bambusstäben oder Rankgittern befestigt. Ein Knäuel davon sollte immer in einer Ecke bereitliegen.

Über die Planung

sollte man sich bereits im zeitigen Frühjahr Gedanken machen und festlegen, was man verändern will. Bauliche Maßnahmen, wie Wandverkleidungen, Regale anbringen, Deckenhaken anschrauben kann, man bereits frühzeitig vornehmen. Mit den Malerarbeiten wartet man, bis die Temperaturen ausreichen, um die Farbe aufzutragen. Andernfalls könnte es dazu kommen, dass die Farbe nicht richtig haftet oder frühzeitig im Sommer wieder abblättert. Wer wenig Erfahrung hat, wie viele Kästen und Kübel er im Sommer aufstellen will, sollte eine kleine Stellprobe machen. Dazu werden zunächst die Möbel platziert und der Sonnenschirm aufgestellt. Leere Töpfe und Eimer stellen Kübelpflanzen dar. Nun sieht man, wie viele Kästen am Geländer Platz haben.

Im Handel gibt es verschiedene Erden. Gutes Substrat ist feinkrümelig und speichert Wasser gut (links), minderwertiges enthält oft viele grobe Rindenteile (rechts).

Von Kästen, Ampeln und Töpfen

Die Gefäße für den Balkon scheinen in erster Linie reine Stilfrage zu sein. Man sollte beim Kauf aber auch praktische Aspekte beachten. Wasserspeicher und ein großes Wurzelvolumen fördern das Wachstum, während der Chic dunkler Gefäße die Pflanzen in ihrer Entwicklung hemmen kann.

Der Handel bietet eine Vielzahl von dekorativen und nützlichen Balkonkästen in verschiedenen Breiten an.

Jedes Material hat andere Eigenschaften, die sich mehr oder weniger positiv auf das Wachstum der Pflanzen auswirken. **Plastik** beziehungsweise **Kunststoff** findet man sehr häufig bei Balkonkästen. Hinsichtlich der Optik ist hier in den letzten Jahren viel verbessert worden. Der Vorteil dieser Kästen, Töpfe und Ampeln liegt neben dem geringen Preis und Gewicht

vor allem darin, dass sich ein doppelter Boden einbauen lässt, der einen optimalen **Wasserspeicher** darstellt. So werden die Pflanzen laufend gleichmäßig mit Wasser versorgt.

Tongefäße gibt es als preisgünstige Maschinenware, jedoch ist sie meist nicht frostfest. Frostfest sind nur Terrakotta-Töpfe mit entsprechender Herstellergarantie. Der Nachteil der porösen Ton-

gefäße liegt zum einen im hohen Gewicht, zum anderen verdunstet durch das Gefäß viel Wasser, sodass die Erde schneller austrocknet. Etwas besser ist es bei **glasierten Gefäßen**, weil die Poren durch die Glasur verschlossen werden. Hinsichtlich Farbe und Design muss man aber darauf achten, dass die Gefäße in das Gestaltungskonzept passen.

Metallgefäße sind groß im Kommen. Die »Light«-Variante wird aus Zink hergestellt. Ihre silbrige Oberfläche wirkt modern und fügt sich sowohl in formale als auch ländliche Stimmungen ein. Blei dagegen zählt zu den edlen Materialien, die sowohl schwer als auch teuer sind.

Ampeln gibt es in den verschiedensten Formen. Werden die Gefäße mit überhängenden Blütenschönheiten bepflanzt, macht ein Plastikgefäß mit Wasserspeicher Sinn. Eine lockere Bepflanzung kommt in Schmuckgefäßen aus Eisen groß heraus.

Mobile Töpfe Mit Hilfe eines Rolluntersetzers kann man auch große Gefäße leicht bewegen.

Kleine Gefäßkunde

1. Kastenverkleidung
Die Palisaden kaschieren einfache Plastikkästen sehr dekorativ und passen zum ländlichen Stil.

2. Glasierter Ton
Die schmucke Außenseite dieser Kästen sollte zum Farbthema der Bepflanzung passen und nicht verdeckt werden.

3. Edle Terrakotta
Solche Tonkästen sind schwer und brauchen einen sicheren Stand, zum Beispiel auf einer Blumentreppe.

4. Kastenvariationen
Plastikkästen gibt es mit Untersetzer, mit Wasserspeicher und ganz schlicht. Praktisch ist das Doppelgefäß, das wie ein Sattel über die Brüstung gehängt wird.

5. Zink und Blei
Metallgefäße sind in Mode. Blei wirkt edel und solide, Zink dagegen leicht und modern. Wichtig: Schwarzer Zink sollte nicht in der prallen Sonne stehen, sonst verbrennen die Wurzeln.

6. Natürliches Geflecht
Weidenkörbe mit einer Plastikeinlage passen zum rustikalen Stil.

Pflanzen

Kästen bepflanzen

Von Jahr zu Jahr wird diese Arbeit leichter, denn man macht seine Erfahrungen und kennt die Handgriffe. Für die Routine ist es wichtig, sich von Anfang an an die einzelnen Schritte dieser kleinen Bepflanzungsanleitung zu halten. Sie garantiert Ihnen, dass Sie fix mit der Pflanzarbeit fertig sind und sich die Blumen prachtvoll entfalten können.

Sie brauchen

für die Bepflanzung den Balkonkasten, Blähton, hochwertige Blumenerde und die ausgewählten Pflanzen. Als Werkzeug empfiehlt es sich, eine Handschaufel, eine Gießkanne und einen Dreckeimer bereitzuhalten. Falls Sie einen einfachen Blumenkasten ohne Löcher im Boden verwenden, sollte man diese zuvor bohren. Vorsicht: Ein Gefäß mit Wasserspeicher hat keine Löcher im unteren Boden, sondern einen seitlichen Überlauf für den Fall, dass das Wasser über der maximalen Füllhöhe steht.

Stellen Sie sich die Pflanzen in der Reihenfolge auf den Tisch, wie sie später zusammen im Gefäß stehen sollen. So können Sie auch nochmals ausprobieren, ob Ihnen die Mischung gefällt. Vor dem Pflanzen werden die Blumen aus dem Plastiktopf genommen. Hängen die Wurzeln bereits locker heraus, sollte man den Container seitlich aufschneiden, damit der Wurzelballen nicht beschädigt wird. Abgeknickte Wurzeln schneidet man ab.

In den Boden des Kastens werden Löcher gebohrt, damit Wasser abfließen kann.

Auf dem Boden verteilt man eine Schicht Blähton, der einen guten Wasserspeicher darstellt.

Die Balkonblumen werden eingepflanzt, in die Lücken füllt man Substrat. Die Pflanzen sollten nicht tiefer als im Topf stehen.

Nun füllt man Erde ein und verteilt die Pflanzen. Danach vorsichtig aus dem Plastikcontainer austopfen.

Dann wird der fertige Kasten angegossen. Die Erde sackt nach, und man gibt gegebenenfalls noch etwas Substrat nach.

Ampeln bepflanzen

Die klassische Blumenampel wird im

Prinzip wie ein Balkonkasten bepflanzt. Hat man Sommerblumen ausgewählt, die kräftig wachsen, so sollte man beim Pflanzen auf großzügige Zwischenräume achten. Etwas komplizierter ist die Bepflanzung eines »hanging basket« nach englischem Vorbild (siehe Seite 38 ff.), die unten gezeigt wird.

Das Typische

an einem Hängekorb sind die bepflanzten Seiten. Zum Pflanzen stellen Sie den Korb auf die Öffnung eines Eimers. In das Drahtgefäß setzt man zunächst die Einlage und öffnet die Pflanzlöcher in den Seiten, falls sie nur vorgestanzt oder angezeichnet sind. Nun füllt man bis zur Unterkante dieser Öffnungen Erde auf, die mit etwas Tongranulat oder einem Dünger mit wasserspeicherndem Granulat verbessert wurde.

Die Pflanzen für die Seiten werden eingesetzt. Man kann sie in ein Stück Papier rollen, um die Wurzeln und Triebe unbeschädigt einzuführen. Anschließend zieht man das Papier wieder ab. Ebenso gut funktioniert es mit einem Stück Plastikfolie. Auf die Wurzeln gibt man etwas Erde und bepflanzt anschließend die obere Öffnung.

Die vorgestanzten Löcher ritzt man mit dem Teppichmesser ein und drückt sie mit dem Daumen heraus.

Nun werden die Jungpflanzen eingesetzt. Feste Wurzelballen steckt man von außen nach Innen durch das Loch.

Das Substrat wird bis wenige Zentimeter unter dem Rand der Einlage aufgefüllt. Dann bepflanzt man die Ränder.

Zum Schluss wird die Leitpflanze im Mittelpunkt des Korbes eingesetzt, Erde aufgefüllt und angegossen.

Bei Kokoseinsätzen werden die Pflanzen vorsichtig durch die Löcher gefädelt. Dabei die Wurzeln nicht beschädigen!

Blumensäule im Kübel

Große Töpfe bieten Platz für zahlreiche Balkonblumen, die einen Blickfang bilden. Verankert man in den Gefäßen ein Rankgerüst wie beispielsweise einen Obelisken, dann entsteht im Laufe des Sommers eine wunderschöne Blumensäule, die sich Platz sparend in einer Ecke aufbaut. Mit einem Spalier kann man einen blumigen Sichtschutz gestalten, wie er auf Seite 20 f. vorgestellt wird.

Für den bunten Pflanzenmix sollte ein ausreichend großer Topf verwendet werden, damit sich alle Wurzeln gut entfalten können. Auf den Topfboden, der ein Abzugsloch haben sollte, füllt man eine zwei bis drei Zentimeter hohe Schicht Tongranulat. Es speichert überschüssiges Gießwasser und ist ein gutes Reservoir für heiße Tage.

Pflanzt man in den Kübel Kletterpflanzen, so werden diese in der Mitte des Topfes platziert. Die Triebe wachsen dann an den Stangen eines Obelisken nach oben. Verwendet man ein Spalier, so sollten die Pflanzen möglichst nah an die Kletterhilfe gesetzt werden.

Buschige Pflanzen finden in den Zwischenräumen Platz, die überhängenden stehen am Rand, damit die Triebe im Laufe des Sommers den Topf verdecken. Die Zwischenräume werden mit Substrat gefüllt. Meist sackt die Erde durch das Angießen nach und muss dann nochmals bis zum Gießrand aufgefüllt werden.

Der Obelisk muss von der Höhe her mit dem Topf harmonieren.

Erde einfüllen ...

... Pflanzen austopfen ...

... Lücken schließen ...

... Obelisk einsetzen.

Im Laufe des Sommers wächst eine blumige Säule heran – ein echter Blickfang.

TIPP

Im Herbst legt man Zwiebeln für die Frühjahrsblüte. Wie bei der klassischen Kastenbepflanzung füllt man zunächst Blähton und Erde ein. Die dicken Knollen werden mit der flachen Seite auf die Erde gestellt. Große setzt man ganz nach unten, die kleineren werden auf einer darüber liegenden Schicht verteilt. Mit Blumenerde deckt man die Zwiebeln ab und gießt sie an. Sie überwintern an einem geschützten Platz im Freien.

Umtopfen in frische Erde

Mehrjährige Pflanzen brauchen zum Neuaustrieb im Frühjahr frische Erde. Die Wurzeln sind kräftig gewachsen und füllen den Topf aus. Zugleich sind die Wasser und Nährstoff speichernden Humusanteile zersetzt. Man kann die Pflanzen in größere Töpfe setzen oder den Ballen behutsam zurückschneiden, wenn der Platz im Topf knapp wird.

Nun kann angegossen werden. Sackt Erde nach, füllt man die Lücken auf.

Für Kübel-pflanzen verwendet man ein spezielles Substrat, dass **strukturstabil** ist. Wenn die Pflanze größer werden darf, topft man sie in ein Gefäß, das an allen Seiten etwa drei Zentimeter größer ist. Hat man keinen Platz für einen größeren Topf, dann schneidet man den Wurzelfilz im Frühjahr mit einem Messer behutsam weg. Auch die Triebe schneidet man zurück. Schmucklilien blühen am schönsten, wenn sie wenig Platz im Topf haben.

Vor dem Einsetzen der Pflanze lockert man den Ballen und die kreisförmig eingewachsenen Wurzeln mit den Fingern.

Seitlich wird Substrat eingefüllt, bis ein fingerbreiter Gießrand bleibt.

Auf das Loch im Topfboden legt man eine Tonscherbe, darüber wird Tongranulat gefüllt, das Wasser speichert.

Das Zitrusbäumchen wird aus dem Container genommen und man prüft am Ballen, wie viel Erde nötig ist.

TIPP

Umtopfen ist nur jedes zweite oder dritte Jahr erforderlich, wenn man eine gute Kübelpflanzenerde verwendet. In den anderen Jahren frischt man die Ballen auf. Dazu kratzt man die obere Erdschicht zwei bis drei Zentimeter ab und ersetzt sie durch frisches Substrat. Außerdem werden Langzeitdüngerkegel in den Ballen gedrückt.

Wässern

Am besten lassen Sie keinen Durst aufkommen

Vor dem Gießen immer erst prüfen, ob die Erde wirklich tiefgründig trocken ist. Dazu steckt man den Finger tief in die Erde.

Der beste Zeitpunkt

zum Gießen sind die **Morgenstunden.** Die Pflanzen können sich für den Tag »stärken« und Wassertropfen auf den Blättern trocknen rasch ab, weil es wärmer wird. Für den Balkongärtner ist dieser Zeitpunkt meist unpraktisch, weil man morgens vor der Arbeit ohnehin viel zu erledigen hat. Wer nicht früher aufstehen will, gießt am **Nachmittag** oder frühen **Abend,** sodass die Wassertropfen noch trocknen können. Die **Mittagsstunden** sind vor allem in den Sommermonaten absolut tabu.

Beim Gießen das Wasser mit einem sanften Strahl direkt auf die Erde geben.

Das A und O für gesunde Pflanzen-

pracht besteht im Gießen. Die Balkonschönheiten in Töpfen, Kästen und Kübeln können sich nicht selbst aus dem Boden versorgen. Und je nach Bauart des Balkons profitieren sie nicht einmal vom sommerlichen Regen. Daher sollte man ganz regelmäßig die Feuchtigkeit des Substrats kontrollieren. Die einfachste und beste Methode nennt der Fachmann **Fingerprobe.** Man steckt den Zeigefinger tief in die Erde und fühlt die Feuchtigkeit. Wenn nur die Oberfläche der Erde abge-

trocknet ist, hängt es von der Witterung ab, ob man gießt. Bei kühlem, bedecktem Wetter kann man einen Tag warten und die Fingerprobe wiederholen. Bei sonnigem Wetter ist es besser, man gießt vorbeugend noch nach, damit das Substrat nicht austrocknet. Sind die Wasser speichernden Fasern von Torf oder Ersatzstoffen in der Erde erst einmal vollständig ausgetrocknet, ist es schwierig, ihre Speicherfunktion wieder aufzubauen. Wenn das Substrat bis in die Tiefe vollständig trocken ist, muss grundsätzlich gegossen werden.

Der Klassiker der Gießhilfen heißt

Gießkanne. Auf dem Balkon gehört dieses Gerät zu den wichtigsten Arbeitshilfen, denn nur selten hat man dort einen Wasseranschluss, um mit einem **Schlauch** zu gießen. Man kann das Wasser über die **Tülle** oder eine aufgesteckte **Brause** verteilen. Aus der großen Öffnung der Tülle schwappt meist etwas viel Wasser heraus. Dadurch kann vor allem bei einer frischen Pflanzung die Erde weggespült werden. Man braucht also ein wenig Fingerspitzengefühl. Ideal ist die Tülle, um ein Wasserreservoir von Gefäßen mit Speicher zu befüllen. Mit der Brause werden die Pflanzen tropfnass und meist auch die Umgebung. Für empfindliche Pflanzen ist das nicht gut. Knollenbe-

gonien (*Begonia*-Knollenbegonien-Hybriden) zum Beispiel bekommen bei Nässe leicht Grauschimmel. Das ist ein Pilz, auch *Botrytis* genannt, der sich über Wassertropfen verbreitet.

Hängen Balkonkästen nicht ganz waagerecht, fließt viel Wasser oberflächlich ab, ohne zu versickern. Es ist wichtig, dass man in mehreren Schritten immer wieder etwas Wasser nachgießt. Erst wenn Wasser unten heraustropft, sind die Pflanzen gut versorgt.

Im Sommer muss man darauf achten, dass die Erde nicht nur austrocknet, weil es warm und sonnig ist. Auch an windigen Tagen verbrauchen die Pflanzen viel Wasser. Der **Verbrauch** ist von Pflanze zu Pflanze verschieden. Kletterpflanzen sind

Über das Loch füllt man Wasser direkt in den Speicher am Grund des Kastens.

zum Beispiel »Großverbraucher«, da sie viel Blattmasse, also eine große Verdunstungsfläche haben.

Zum Ende des Sommers hin nimmt die

Wasserspeicherfähigkeit des Substrats ab. Das Wurzelwerk ist reich verzweigt. Daher muss man öfter gießen, auch wenn es nicht mehr so warm ist. Eine Neubepflanzung im **Herbst** hat einen recht geringen Wasserbedarf, ebenso wie **Frühling**spflanzungen. Immergrüne benötigen auch im **Winter** bei frostfreiem Wetter immer mal einen Schluck Wasser.

Ein Kasten mit Wasserreservoir: Das Glasröhrchen links zeigt mit Hilfe eines Schwimmers den Wasserstand an.

Halbautomatische Bewässerungen

Das Gießen gehört zu den Arbeiten, die besonders zeitaufwändig sind. Wenn es im Sommer richtig warm ist, muss man sogar mehrmals für Nachschub aus der Gießkanne sorgen. Der Fachhandel bietet praktische Gießhilfen, die die Pflanzen zuverlässig und fast von selbst versorgen.

Die dicken Filzmatten dienen als Wasserspeicher, weil sie saugfähig sind. Die Streifen sind auf Kastenlänge zugeschnitten.

Zum Beginn der Saison klappt es mit dem Gießen in der Regel noch ganz gut. Zwei bis drei Mal in der Woche greift man zur Gießkanne. Die Nächte sind kühl, und es verdunstet wenig Wasser. Doch wenn die Temperaturen steigen, wird auch die Pflanzenmasse üppiger und der Verbrauch steigt drastisch an. Dann muss man immer öfter zur Gießkanne greifen.

Da ist man um jede Hilfe froh. Es gibt eine ganze Reihe von **halbautomatischen Bewässerungen,** die den Wasservorrat im Kasten erhöhen. Zugleich stehen die Wurzeln nicht direkt im Wasser. So spart man sich Arbeit und die Pflanzen werden gleichmäßig versorgt. Das Ergebnis sind vitale und blütenreiche Balkonblumen. Eine Möglichkeit der Bewässerungshilfe sind **Wasserspeicher,** die man unten auf den Boden der Gefäße legt. Im Fachhandel werden graue, etwa einen Zentimeter dicke **Filzmatten** angeboten. Sie sind in Streifen zugeschnitten, sodass sie in die Standardgrößen der Balkonkästen passen. Die Matten saugen überschüssiges Gießwasser auf und speichern es. Wenn die Erde trocken wird, steigt das Wasser allmählich zu den Wurzeln auf. Mit diesen Bewässerungshilfen überstehen die Balkonblumen die Mittagshitze problemlos. Zugleich sind sie ein Tipp für alle, die immer wieder ein oder zwei Tage unterwegs sind. Die Haltbarkeit der Matten reicht für zwei bis drei Jahre, danach nimmt das Speichervermögen deutlich ab.

Eine gute Alternative ist **Tongranulat,** wie man es aus dem Zimmerpflanzenbedarf kennt. Man füllt auf den Boden der Gefäße eine zwei bis drei Zentimeter hohe Schicht. Nun legt man Vlies darüber, damit die Erde nicht in die Zwischenräume gespült wird und man das Tongranulat mehrmals verwenden kann.

In den letzten Jahren ist ein Dünger neu auf den Markt gekommen, der **Aquaperls** enthält. Dieses Granulat ist unscheinbar weißgrau. Bei Berührung mit Wasser quillt es und nimmt das feuchte Nass auf. Aus einem kleinen Krümel wird ein fast zentimetergroßes Stück. Dieses Granulat wird unter die Erde gemischt und kann nur einmal verwendet werden.

füllen und mit der Öffnung in die Erde stecken. Bei Trockenheit fließt Wasser aus dem Reservoir nach. Empfindliche Ampeln, Kästen in der prallen Sonne und exponiert stehende Töpfe stellt man am besten in den Schatten der Brüstung oder unter den Balkontisch. So wird der Verbrauch gedrosselt.

Eine gute Bewässerungshilfe

sind Kästen und Ampeln mit einem Wasserreservoir. Sie sind so aufgebaut, dass im doppelten Boden ein Wassertank entsteht. Über Dochte, die in Löchern des Innenbodens stecken, kann das Wasser aufsteigen. Es baut sich bei Trockenheit der Erde ein Saugdruck auf, der das Wasser nach oben zieht. Im Fachhandel werden die Balkonkästen unter dem Namen **»Gärtnerkasten«** angeboten. Der Preis ist nicht ganz günstig, aber das System funktioniert störungsfrei und bietet hinsichtlich des täglichen Gießens eine große Erleichterung. Die Töpfe halten viele Jahre.

Für den Topfgarten

hat sich vor allem das Blumat-System als praktisch erwiesen. Es besteht aus Tonkegeln, die man in die Erde steckt. Sie sind über dünne Schläuche mit einem Wasserreservoir, zum Beispiel einem Eimer, oder dem Wasseranschluss verbunden. Der Tonkegel ist porös. Wenn das Substrat abtrocknet, entsteht ein Saugdruck, der Wasser nachfließen lässt. Wichtig ist, dass man immer wieder prüft, ob die Schläuche durchgängig sind und die Erde tatsächlich feucht wird. Natürlich muss der Wassertank regelmäßig befüllt werden. Der Tropf-Blumat ist gut geeignet, um die Grundversorgung zu sichern. Einmal in der Woche kontrolliert man die Feuchtigkeit und gießt die Erde direkt mit der Kanne, um sie vollständig zu durchfeuchten.

Für den Kurzurlaub gibt es

einige Tricks, schließlich will man nicht immer die Nachbarn oder Freunde bemühen. Neben den genannten Bewässerungshilfen ist es gut, wenn man kleine Einzeltöpfe vor der Abreise taucht. Dazu werden die Töpfe in einen Eimer mit Wasser gestellt. Sie sollten sich vollständig voll saugen, bis keine Luftblasen mehr aufsteigen. Bei Kübelpflanzen, die nur auf einem Untersetzer stehen, füllt man diesen bis oben hin auf. Außerdem kann man nach dem Gießen PET-Flaschen mit Wasser be-

Bewässerung leicht gemacht

1–2. Schlauch mit Kegel
Der »Tropf-Blumat« verteilt über ein Schlauchsystem das Wasser vom Tank zu den Kegeln. Die Tonkegel werden in die Erde neben die Wurzeln gesteckt. So ist der Wassernachschub direkt dem Bedarf angepasst.

3. Ampel mit Speicher
Der Wasserspeicher im Topf garantiert eine gleichmäßige Versorgung.

Düngen

Eine ausgewogene Ernährung ist die beste Blühgarantie

Die Grundlage für üppige Blüten und gesundes Wachstum ist die regelmäßige Gabe von Flüssigdünger mit dem Gießwasser.

Ohne Nährstoffe wächst und blüht keine der Schönheiten in Topf und Kasten besonders üppig. Sie sind darauf angewiesen, dass man sie regelmäßig mit Stickstoff, Kalium und Phosphor düngt. Dabei kommt es auf ein ausgewogenes Verhältnis an, denn eine Überversorgung ist genauso schädlich wie die Unterversorgung. Jeder Nährstoff hat eine spezielle Aufgabe.

Stickstoff (N) fördert das Wachstum von Trieben und Blättern. Gibt man zu wenig, kümmern die Blätter. Sie werden hellgrün. Bei einer zu starken Stickstoffdüngung färben sie sich dunkelgrün und das Gewebe wird schwammig. Dadurch erhöht sich die Anfälligkeit für Krankheiten.

Phosphor (P) dagegen fördert die Bildung von Blüten. Ein schlechter Knospenbesatz ist meist der Grund für eine Unterversorgung mit diesem Nährstoff. Ein zu hoher Phosphoranteil zeigt sich an einer untypischen Rotfärbung der Blätter.

Weiterhin sind **Kalium (K)** und **Spurenelemente** von großer Bedeutung für ein gesundes und kräftiges Wachstum. Wichtig ist aber nicht nur, dass die einzelnen Nährstoffe in der richtigen Konzentration gegeben werden, sondern auch, dass das Verhältnis stimmt. Es sollte auf der Düngerpackung angegeben sein. Düngt man Kapuzinerkresse (*Tropaeolum majus*) beispielsweise stickstoffbetont, bleiben die Blüten trotz reicher Phosphorgaben aus. Ähnlich sieht es bei Dahlien (*Dahlia*-Hybriden) aus. Bekommen sie viel Stickstoff, werden kräftige Knollen, aber kaum Blüten gebildet.

Im Fachhandel findet man immer öfter

spezielle Dünger für die verschiedenen Pflanzen. Diese Produkte nehmen einem die Mühe ab, auf spezielle Bedürfnisse der einzelnen Gewächse einzugehen. So enthält ein Dünger für Tomaten alle Nährstoffe, die man für eine reiche Ernte geben muss, und mit dem Hortensiendünger für blau blühende Hortensien hat man die Garantie, dass die Blütenfarbe auch in den nächsten Jahren in das Farbkonzept passt und nicht plötzlich rosa wird. Wer keine Erfahrungen hat, sollte es sich einfach machen und auf die Fertigprodukte vertrauen.

Dünge-Stäbchen liefern Nährstoffe für einige Wochen. Sie werden in die Erde gesteckt und nach Topfgröße dosiert.

Hinsichtlich der Menge

muss man verschiedene Darreichungsformen unterscheiden. Ganz fix ist man mit der Gabe von **Langzeitdünger** fertig. In kleinen, honigfarbenen Kügelchen sind die Nährstoffe für durchschnittlich zwölf Wochen enthalten. Einige werden sofort freigesetzt, andere lösen sich erst allmählich aus der Hülle. So sind die Pflanzen vom ersten bis zum letzten Tag gut versorgt. Allerdings muss man auch wissen, dass der Langzeitdünger die Nährstoffe in Abhängigkeit von der Temperatur freisetzt. Ist es warm, sind die Vorräte schneller erschöpft als bei kühlem Wetter. Man kann Langzeitdünger als streufähiges Granulat oder als gepresste Kegel kaufen. Die Kegel lassen sich leicht dosieren.

Düngestäbchen und -kegel sind praktisch in der Anwendung. Sie enthalten für einen kürzeren Zeitraum die notwendigen Nährstoffe.

Die Dosierung richtet sich nach der Topfgröße, sodass man kaum Fehler dabei machen kann.

Flüssigdünger müssen alle ein bis drei Wochen in einer niedrigen Dosierung gegeben werden. Wichtig ist, dass man die Gaben dem Gießwasser beimischt. Da man es doch immer wieder vergisst, sollte man während der Hauptsaison auf einen Langzeitdünger zurückgreifen. Zum Ende der Saison und für die Nährstoffversorgung von Frühlingsblühern wie Hornveilchen (Viola cornuta) macht ein Flüssigdünger Sinn. Und bei Mangelerscheinungen wirkt dieser Dünger besonders schnell.

Qualitätserden enthalten

in der Regel bereits Nährstoffe. Es gibt sogar Produkte, die Langzeitdünger enthalten. Ein herkömmliches Substrat liefert den Sommerblumen in den ersten vier bis sechs Wochen ausreichend Nährstoffe. Bei der Beimischung von Langzeitdünger, die auf der Packung vermerkt ist, reicht der Vorrat entsprechend länger. Dies sollte man beachten, damit die Pflanzen nicht überdüngt werden.

Bei allen **Kübelpflanzen,** die man auch im Winter auf dem Balkon stehen hat oder ins Haus räumt, sollte man Anfang August mit den Nährstoffgaben aufhören. Die Pflanzen müssen ausreifen, damit sie den Winter gut überstehen. Erst Anfang März, wenn das Wachstum einsetzt, beginnt man wieder mit der Düngung.

Hat man die Pflanzen versehentlich überdüngt, kann man Kegel und Stäbchen leicht entfernen. Bei der **Überdüngung** mit Flüssigdünger stellt man die Töpfe in die Badewanne und spült die Nährstoffe unter fließendem Wasser aus dem Wurzelballen.

Im kompakten Düngekegel sind die Nährstoffe zusammengepresst. Durch die Wassergaben lösen sie sich.

Langzeitdüngerkegel halten je nach Produkt zwei bis vier Monate. Der Verbrauch hängt auch von der Witterung ab.

Pflegen

Ausputzen und Schneiden sorgt für Blütennachschub

Mit der Schere schneidet man die welken Blüten vorsichtig kurz über den Knospen ab, um den Neuaustrieb anzuregen.

Während des Sommers fallen verschiedene Pflegearbeiten an. Ganz wichtig ist das **Ausputzen der welken Blüten.** So behalten die Kästen und Töpfe ihr gepflegtes Äußeres und die Neubildung von Blütenknospen wird gefördert. Ganz leicht geht dies bei den großblumigen Balkonpflanzen. Blüten, beispielsweise abgeblühte Petunien (*Petunia*-Hybriden) und Geranien (*Pelargonium*-Hybriden), lassen sich leicht ausknipsen oder ausbrechen, wie in den Bildern auf der nächsten Seite gezeigt wird. Geranien-

stiele knickt man behutsam gegen die Wuchsrichtung, dann löst er sich vom Stiel. Schwieriger ist es bei den Pflanzen, deren Blüten in den buschigen Trieben sitzen, wie beispielsweise bei den Strauchmargeriten (*Argyranthemum frutescens*). Hier nimmt man am besten eine Blumenschere zu Hilfe. Es sollten nicht nur die Blütenköpfe entfernt werden, sondern auch der Blütenstiel. Sonst trocknet er ab und bleibt als brauner Stummel stehen.

Manche Balkonblumen haben so dichte, kleine Blüten, dass man die Pflanzen ein-

fach nach der ersten Blüte kräftig zurückschneidet und nicht jeden Blütenstand mühsam heraussammelt. Man kürzt die Triebe etwa um die Hälfte der Länge ein. Das geht ganz fix, die Pflanzen wachsen wieder harmonisch nach und verzweigen sich. Diese Methode ist ideal für Männertreu (*Lobelia erinus*), Duftsteinrich (*Lobularia maritima*) und Leberbalsam (*Ageratum houstonianum*). Wichtig ist, dass man den Pflanzen nach dem Rückschnitt eine Extraportion Dünger gibt. Dieser wird benötigt, um kräftige Triebe zu bilden.

Ein kräftiger Rückschnitt ist die ideale Urlaubsvorbereitung. Bis zu den Sommerferien haben sich meist kräftige Büsche aufgebaut. Sie haben einen hohen Wasserverbrauch, denn über die zahlreichen Blätter verdunstet entsprechend viel Wasser. Wenn man nun kurz vor der Abreise die Blüten entfernt und die Triebspitzen abschneidet, wird der Verbrauch gedrosselt. Außerdem bilden sich während der Abwesenheit neue Verzweigungen und daran auch neue Knospen. Diese öffnen sich meist, bis man wieder zurück ist. Schneidet man dagegen erst nach der Rückkehr die welken Blüten ab, dauert es zwei bis drei Wochen, bis die Pracht wieder durchgetrieben hat.

Einfach sind Pflanzen,

die sich **selbst ausputzen**. Zu ihnen zählen beispielsweise die Zauberglöckchen (*Petunia*-Calibrachoa-Hybriden), schmalblättrige Zinnien (*Zinnia angustifolia*), Schneeflockenblume (*Sutera diffusus*), Husarenknöpfchen (*Sanvitalia procumbens*) und ungefüllte Edellieschen (*Impatiens*-Neuguinea-Hybriden).

Einige Sommerschönheiten, die sich selbst reinigen, benötigen dennoch eine pflegende Hand. Sie werfen zwar die Blütenblätter ab, es bilden sich aber Fruchtstände. Bei den Prunkwinden (*Ipomoea purpurea*) sind es kleine Kügelchen, bei den Fuchsien (*Fuchsia*-Hybriden) und Wandelröschen (*Lantana*-Camara-Hybriden) zunächst grüne, später schwarz glänzende Früchte. Diese müssen ent-

fernt werden, sonst bilden sich keine neue Blütenknospen. Zupft man die Früchte ab, dann entdeckt man schon nach wenigen Tagen wieder die ersten kleinen Blütenknospen. Gleiches gilt auch für Studentenblumen (*Tagetes*-Hybriden), Ringelblumen (*Calendula officinalis*) und Kapuzinerkresse (*Tropaeolum majus*).

Kübelpflanzen werden

im Herbst etwas zurückgeschnitten, damit sie im Winterquartier nicht zu viel Platz wegnehmen. Nur beim Oleander sollten die Triebe nicht entfernt werden, da sie bereits die Blütenknospen für das nächste Jahr angelegt haben. Im Frühjahr sieht man, welche Triebe abgestorben sind. Dann ist es Zeit, die Kronen der Büsche und Kugelbäumchen neu aufzubauen, damit sie kompakt und vital bleiben.

So bleiben die Schönheiten fit

1. Mit den Fingern knipst man abgeblühte Petunien aus.

2. Welke Blütenstände werden abgeschnitten.

3. Die kletternden Triebe leitet man in die Höhe.

4. Welke Geranien bricht man mit Stiel aus.

Gesunde Pflanzenpracht

Die Vitalität der Balkonblumen wird vor allem dadurch gesteigert, dass sie wenig Stressfaktoren ausgesetzt sind: Zugluft, ein zu heißer Standort, Wassermangel und eine unausgewogene Ernährung machen die Schönheiten anfällig für Krankheiten und Schädlinge. Bei einem Befall helfen in der Regel bewährte Hausmittel und leicht anzuwendende Pflanzenschutzpräparate zuverlässig ab.

Pflegen   Fix! – Pflanzen & Pflegen

114

Die meisten Probleme mit Schädlingen treten auf, wenn man die Balkonpflanzen an einen falschen Standort stellt. **Blattläuse** sitzen in erster Linie an Pflanzen, die im Zug stehen oder hängen. Häufig findet man die kleinen grünen Insekten an Hochstämmchen der Strauchmargerite *(Argyranthemum frutescens)*, die dicht an der Brüstung stehen. Ein Standortwechsel hilft. Außerdem vertreiben ein paar Knoblauchzehen, die man in die Erde steckt, die Lästlinge. Die **Rote Spinne,** die meist auf der Blattunterseite sitzt, ist ein Zeichen für zu trockene, heiße Luft. Hier hilft es, die Pflanzen etwas mehr in den Schatten zu rücken und sie öfter mit Wasser einzunebeln. Tritt die **Weiße Fliege** auf, bekämpft man sie mit einem systemischen Mittel wie zum Beispiel Lizetan-Stäbchen. Diese werden einfach in die Erde gesteckt. Der Wirkstoff gelangt über die Wurzeln in die Pflanzenteile und erreicht so die Schädlinge.

Stark wachsende Hängepetunien *(Petunia-*Hybriden) werden im Laufe des Sommers schnell **chlorotisch,** das heißt die Blätter verfärben sich hellgrün. Die Blühfreudigkeit lässt nach. Hier sollte man einen eisenhaltigen Dünger dem Gießwasser beimischen. Die Pflanzen erholen sich dann innerhalb kurzer Zeit.

Grundsätzlich sollte man wissen, dass vor allem geschwächte Pflanzen für Schädlinge oder Krankheiten anfällig sind. Mit Hilfe stärkender Algenextrakte, die reich an Spurenelementen sind, oder pflanzlicher Aufgüsse aus Brennnessel und Schachtelhalm werden die Balkonschönheiten bald wieder

fit, sofern das Übel nicht auf schlechter Erde beruht.

Alle Spritzmittel, ganz gleich, ob pflanzliche Auszüge oder Pflanzenschutzmittel, dürfen nur ausgebracht werden, wenn es windstill und der Himmel bedeckt ist.

Damit die kräftig wachsenden Hänge-Petunien keine hellen, chlorotischen Blätter bekommen, gibt man Eisendünger.

Pflanzenschutzstäbchen steckt man in die Erde. Der Wirkstoff gelangt über die Wurzeln in die Pflanzen.

Knoblauchzehen in der Erde halten Blattläuse durch ihren scharfen Geruch von den Pflanzen fern.

Winterfester Balkon

Gehölze und Stauden gelten als winterhart, aber die Situation im Kübel ist eine besondere, da der Ballen durchfriert. Außerdem haben die Wurzeln keinen Bodenkontakt, sodass eine selbständige Wasserversorgung nicht möglich ist. Mit einfachen Mitteln verhüllt man die Schönheiten in den Wintermonaten, damit sie unter der Kälte nicht leiden.

Kübelpflanzen schützt man durch Kokos- und Strohmatten sowie Vlies vor der Kälte.

Einjährige verabschieden

sich im Herbst, Exoten wandern in das Winterquartier. Nur die winterharten Gewächse bleiben im Freien. Sie sind vor den ersten Kälteeinbrüchen gefeit. Wichtig ist, dass die **Gefäße,** in denen sie stehen, winterfest sind. Außerdem sollten alle Töpfe ein Abzugsloch im Boden haben und auf Latten gestellt

werden. So verhindert man, dass das Abzugsloch zu- und die Gefäße anfrieren. Erst wenn es dann Ende des Jahres richtig winterlich wird und die Temperaturen anhaltend unter Null Grad Celsius liegen, wird es Zeit, die Töpfe zusammenzurücken. Da die **Wurzelballen,** die eigentlich durch den Boden vor Kälte geschützt werden, der Frostgefahr besonders ausgesetzt sind, wickelt man die Töpfe mit dicken Kokosmatten ein. Schnüre halten das Gewebe um den Topf. Für das Astgerüst besteht bei Laub abwerfenden Arten kaum eine Gefahr.

Eine Ausnahme bilden Hortensien *(Hydrangea macrophylla),* deren Triebe vorsichtshalber mit einer Haube aus dünnem weißem Vlies vor der Kälte geschützt werden sollten. Es wird mit Schnüren am Topf festgebunden.

Immergrüne sind

in den Wintermonaten nicht nur durch Kälte, sondern auch durch Trockenheit gefährdet. Buchsbaum *(Buxus sempervirens)* und Rhododendren *(Rhododendron-*Hybriden) rückt man auf jeden Fall in den Schatten. In der prallen Sonne wird die Stoffwechselaktivität angeregt, und damit steigt die Verdunstung. Zugleich kann aber kein Wasser aufgenommen werden, solange der Boden gefroren ist. Daher ist es bei anhaltender Kälte gut, die belaubten Triebe mit Strohmatten oder Vlies zu schützen. Dies gilt auch für Stechpalmen *(Ilex aquifolium),* Eiben *(Taxus baccata)* und Bambus *(Fargesia murieliae).* Unter der Schutzhülle bleibt es zum einen kühl, zum anderen steigt die Luftfeuchtigkeit. An frostfreien Tagen sollte man dennoch gießen.

Große Geranien sowie im Hochsommer bewurzelte Stecklinge werden auf der hellen, kühlen Fensterbank überwintert.

Bezugsquellen und Adressen

Die meisten Geräte, Werkzeuge und Accessoires für das schnelle Balkonvergnügen erhalten Sie in jeder gut sortierten Gärtnerei und im nächsten Gartencenter. Anbei eine Auswahl an Bezugsquellen für spezielle Produkte sowie Versandhandels-Adressen.

Garten-Versandhandel

OBI@OTTO
20088 Hamburg
Tel.: 01 80 / 503 00 03
www.OBI@OTTO.de

Gärtner Pötschke
Beuthener Str. 4
41561 Kaarst
Tel.: 0 21 31 / 79 33 33
www.gaertner-poetschke.de

Dehner
86640 Rain am Lech
Tel.: 0 90 03 / 7 70
www.dehner.de

Pflanzen

Baldur Garten
Elbinger Str. 12
64625 Bensheim
Tel.: 0 62 51 / 10 35 00
www.baldur-garten.de

Blumenschule Engler
Augsburger Str. 62
86956 Schongau
Tel.: 0 88 61 / 73 73
www.blumenschule.de

Franz Treml
Eckerstr. 32
93471 Arnbruck
Tel.: 0 99 45 / 90 51 00

Topfrosen

Rosen Huben
Schriesheimer Fußweg 7
68526 Ladenburg
www.huben.de
Tel.: 0 62 03 / 9 28 00

Lacon GmbH
J.-S.-Piazolo-Str. 4 a
68766 Hockenheim
Tel.: 0 62 05 / 70 33
www.lacon-rosen.de

Balkonkästen und Gefäße

Blumenkasten
Postfach 19 18 40
14008 Berlin
Fax: 0 30 / 3 06 67 48
(Bemalte Holz-Blumenkästen)

Car Selbstbaumöbel
Ellerbrookskamp 4
22397 Hamburg
Tel.: 0 40 / 6 05 00 71
www.car-moebel.de
(Metalltöpfe, siehe Bild Seite 58)

HCR
Heinrich Cremer GmbH
Oppelner Str. 37
41199 Möchengladbach
Tel.: 0 21 66 / 9 64 90-0
www.hcr.de
(Blechkasten mit Muster, siehe Bilder Seite 8, Seite 24 Mitte, Seite 59 oben, Seite 100 oben, Seite 106)

Ikea Deutschland GmbH
Versandniederlassung
Postfach 40 02 32
65709 Hofheim
Tel.: 01 80 / 5 35 34 33
www.ikea.de
(Balkonkästen und Blechtöpfe, siehe Bilder Seite 24 oben und unten, Seite 49 oben, Seite 86 unten)

Grün-Idee
Solarring 17
31860 Emmerthal
0 51 51 / 40 98 60
(Sattelkasten »Koala«, siehe Bild Seite 101)

Blattwerk
Stiftung Liebenau
Siggenweilerstr. 11
88074 Meckenbeuren
Tel.: 0 75 42 / 10 11 95
www.blattwerk-versand.de
(Balkonkasten-Blenden, siehe Seite 85)

Accessoires und Zubehör

Grün-Idee
siehe unter »Balkonkästen«
(Durstkugeln, siehe Bild Seite 86 unten)

Gartenlust
Altemühle 1
58553 Halver
Tel.: 0 23 53 / 10 74 0
www.gartenlust-halver.de

Terra d'Oro
Keramik & Design
Zugspitzstr. 2
84419 Schwindegg
Tel.: 0 80 82 / 71 10

Gartenbedarf-Versand
Richard Ward
Günztalstr. 22
87733 Rettenbach
Tel.: 0 83 92 / 16 46
www.gartenbedarf-versand.de

Erden, Düngemittel, Pflanzenschutz

Neudorff
An der Mühle 3
31860 Emmertal
Tel.: 0 51 55 / 62 40
www.neudorff.de

Dünger-online-shop
Yvonne Kaiser
Samel-Hahnemann-Str. 35
38154 Königslutter
Tel.: 0 53 53 / 91 31 22
www.duenger-shop.de

Bayer CropScience
Deutschland GmbH
Elisabeth-Selbert-Str. 42
40764 Langenfeld
Tel.: gebührenpflichtige Beratungshotline unter 0 190 / 52 29 37
www.bayercropscience.de
(Pflanzenschutzmittel, Lizetan-Stäbchen, Aquaperls)

Compo
Gildenstr. 38
48157 Münster
Tel.: 0 25 1 / 3 27 70
www.compo.de

Scotts Celaflor GmbH
SUBSTRAL
Konrad-Adenauer-Str. 30
55218 Ingelheim
Tel.: 0 61 32 / 7 80 30
www.substral.de

Euflor Gartenbedarf
Ridlerstr. 75
80339 München
Tel.: 0 89 / 5 00 93-4
www.euflor.de

Oscorna Dünger
Erbacher Str. 41
89079 Ulm
Tel.: 0 73 1 / 94 66 40
www.oscorna.de

Automatische Bewässerung und Gefäße mit Wasserspeicher

Grün-Idee
siehe unter »Balkonkästen«
(Filzmatten, siehe Bild Seite 108)

Technoplant
Kunststofftechnik GmbH
Am Kappe 45
49406 Barnstorf
Tel.: 0 54 42 / 30 04
www.hawita-gruppe.de

Tropf-Blumat
Tensio-Technik
Edith Bambach
Peter-Spring-Str. 18
65366 Geisenheim
Tel.: 0 67 22 / 97 21 68
www.blumat.info

Manna-Sunshine
Firma Wilhelm Haug
GmbH & Co. KG
Pfäffingen
72119 Ammerbuch
Tel.: 0 70 73 / 3 02-0
www.manna.de

Ing. G. Beckmann KG
Simoniusstr. 10
88239 Wangen im Allgäu
Tel.: 0 75 22 / 60 65
www.beckmann-kg.de

Gardena
Kress & Kastner GmbH
Hans-Lorenser-Str. 40
89079 Ulm
Tel.: 0 73 1 / 49 0 0
www.gardena.de

Mobiliar

Garpa
Kienwiese 1
21039 Escheburg
Tel.: 0 41 52 / 92 52 00
www.garpa.de
(Sitzmöbel und Tische,
siehe Bilder Seite 19 oben,
Seite 53 oben)

Car Selbstbaumöbel
siehe »Balkonkästen und
Gefäße«
(Metallstühle und -tische,
siehe Bild Seite 17 unten)

UTP
Gottlieb-Daimler-Str. 2
24568 Kaltenkirchen
Tel.: 0 41 91 / 95 07-0
(Holzmöbel, siehe Bild
Seite 16)

Osmo
Hafenweg 31
48155 Münster
Tel.: 0 25 1 / 692-0
www.osmo.de
(Holzböden)

Zeuch Creativ Produkte
GmbH
Niddaer Str. 4
61209 Echzell
Tel.: 0 60 08 / 91 78 84
www.zeuchcreativ.de

Garten-Wohnen-Schenken
Kreuth 1
84104 Rudelzhausen
Tel.: 0 87 54 / 96 98 46
www.kreuth1.de
(Möbel, Regale, Etageren,
siehe Bilder Seite 12,
Seite 35 Mitte)

Laden im Torbogen
Haxthausen 8
85354 Freising
Tel.: 0 81 65 / 99 71 60

**Klettergerüste
und Rankgitter**

Classic Garden Elements
Goethestr. 27
65719 Hofheim/Taunus
Tel.: 0 61 92 / 90 04 75
www.classic-garden-
elements.de

Osmo
siehe unter »Mobiliar«

Country Garden Versand
GmbH
Nagolder Str. 23
72119 Ammerbuch
Tel.: 0 70 73 / 23 72
www.country-garden.de

Balkongeländer

Osmo
siehe unter »Mobiliar«

Kreativmetall
Jens Lohse
Wolnzacher Str. 6
84072 Au-Hallertau
Tel.: 0 87 52 / 12 45

**Sonnen- und
Sichtschutz**

Peddy Shield GmbH
Postfach 800 201
51449 Bergisch Gladbach
Tel.: 0 22 02 / 8 39 20
www.peddy-shield.de

Videx Meyer-Lüters GmbH
Raiffeisenstr. 38-40
27239 Twistringen
Tel.: 0 42 43 / 92 80 10
www.videx.de

Stichwortverzeichnis

Bildnachweis:

Alle Bilder von Friedrich Strauß, außer:
Borstell: 13m, 21 7.v.li., 27o, 33o, 35u, 41m, 41ur, 45 1.v.li., 53u, 58r, 79 1.v.li., 79 2.v.li., 83ul, 90m, 93ml, 95o, 95r
GBA/Engelhardt: 21 3.v.li.
GBA/Nichols: 41ul
Peddy-Shield: 17o, 19u
Redeleit: 103, 109ol, 109or
Reinhard: 21 2.v.li., 21 5.v.li., 38l, 45 7.v.li., 115l
Videx: 17m

Grafiken: Sylvia Bespaluk

**Bibliografische Information
Der Deutschen Bibliothek**

Die Deutsche Bibliothek verzeichnet diese Publikation in der Deutschen Nationalbiografie; detaillierte bibliografische Daten sind im Internet über http://dnb.ddb.de abrufbar.

**BLV Verlagsgesellschaft mbH
München Wien Zürich**
80797 München

© 2004 BLV Verlagsgesellschaft mbH, München

Umschlagfotos:
Vorder-, Rückseite und Klappen: Friedrich Strauß

Umschlaggestaltung: Peter Hofstetter, Angewandte Grafik, München

Layoutkonzept Innenteil:
Parzhuber & Partner, München

Lektorat: Dr. Thomas Hagen
Herstellung: Angelika Tröger

Satz: Satz+Layout Fruth GmbH, München
Reproduktionen: Repro Ludwig

Gedruckt auf chlorfrei gebleichtem Papier

Printed in Italy · ISBN 3-405-16603-9

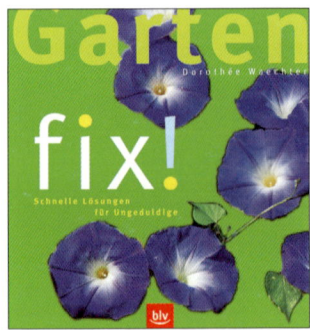